U0002651

世茂出版有限公司
世潮出版有限公司
智富出版有限公司

這些小習慣，老闆覺得你應該知道

預見三年後幸福自己的目標成真法則

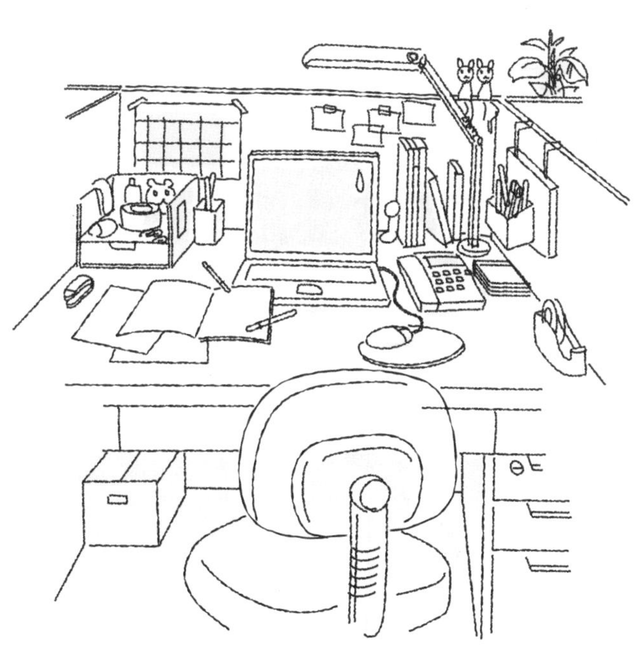

有川真由美◎著

連雪雅◎譯

前言

◎你很適合工作！

我要告訴正在閱讀本書的你一個驚人的祕密。

其實，每個人都很適合工作，也都有可能受到幸運之神的眷顧。

工作可以讓我們實現自己的目標，也會為我們帶來機會與緣分，擴大我們的世界。

若將自己的工作視為「獲得薪水的手段」，這樣實在是種損失。我認為因為覺得「自己沒有能力」，所以就隨便應付工作和生活的這種想法，真的很消極。

在我接觸過那麼多上班族後，有了很深刻的感觸。

那就是，工作表現好的人與工作表現不好的人「在能力上幾乎沒什麼差異」。

然而，儘管能力相同，有些人卻總是可以準時下班，並受到周遭同仁的喜愛，工作表現也很優秀；但有些人卻得每天加班到很晚、人際關係差、工作上也沒有表現，幾乎被壓力逼得快喘不過氣來。

這兩者間的差異究竟在哪裡呢？

其實就只差在「小小的習慣」而已。

口頭禪、行動、說話方式、工作方式、與人相處的方式、回絕對方的方式、目標設定、時間管理……。

就算做的事情一樣，每個人還是會有些許的差異。即使只是個小習慣，只要累積能產生正面作用的習慣，你的工作與人際關係就會像螺旋般進展得很順利。工作能幹運氣又好的人，都有這樣的習慣。

相反地，有些人卻會養成產生負面作用的習慣。遺憾的是，這些不好的習慣會不斷累積，並在你毫無察覺的情況下形成負面的螺旋，讓你難以從中抽身。累積了「小小的習慣」之後就會出現「很大」的差異。

另外，再告訴各位另一個驚人的秘密。

現實生活中，無論是公司、學校或家庭，幾乎沒有人會教你如何養成「小小的習慣」。在現今的社會，不管是上司、前輩或父母，幾乎沒有人有多餘的時間告訴你這些事。

因此，我將那些工作順利、受到他人喜愛、很幸運的人的「小小習慣」全部挑選出來，收錄在本書內。

但，你不必要求自己立刻去實踐所有的事。

在閱讀本書時，如果有看到「這個好像不錯，來試試看吧！」的部分，就請積極地在工作或生活中嘗試看看吧！

我保證，在改變行動後，你會發現自己的心情將變得很愉悅，日常生活中將經常會發生好事，周圍的人也會變得對你很友善親切。

你已經做好讓人生好轉的心理準備了嗎？

那麼，接下來就要進入讓你的願望及努力獲得最大成果的訓練囉！

有川真由美

目次

第2章 工作表現好又受人喜愛的人……52

Contents

第3章 千萬別錯過。運氣好的人的行動

第4章 不加班也能有出色的成果

Contents

第1章

引發大變化的小小習慣

想讓幸運來到身邊，了解潛藏在你內心那股「想（做什麼）～」「想變成～」的慾望很重要。

不了解自己的慾望、無法描繪未來的人，不可能擁有「期望的未來」。但，只要能描繪自己的未來，你就朝「期望的未來」前進了一大步。

先將「機會網（心中慾望的網）**」架設好，一旦遇到想做的事就能馬上完成**。它會幫助你在絕佳的時機獲得想要的情報、事物、人或機會。這真是件有趣的事！

只要你心中那股「我想變成這樣」的意念越具體，運氣就會成為你的好夥伴。意念越堅定，運氣就越旺。

請試著問問你的內心：

「遇到關鍵時刻，你想要怎麼做？」

不要讓「那我沒辦法……」「以我目前的狀況，大概只能這樣了」的想法困住你的心，請以興奮的心情去自由想像「如果變成這樣一定很棒」。

別擔心。因為人類只會想像自己做得到的事。

等你百分之百地相信自己「我一定做得到！」你所想像的情況就會成真。然後現實就會朝著你的目標開始改變。

01

想像「3年後幸福的自己」

——實現所有目標的法則

3年後，你希望「自己」變成怎樣呢？你希望那時的自己在做什麼呢？我的願望可能實現嗎？會不會太難了？不需要去煩惱這些。請將「如果變成這樣，一定會很幸福！」的情景以「正在（做）～的我」、「變成～的我」等**現在進行式的語氣來描寫**（盡量寫得具體一點，就像在描述真實的情況）。

順帶一提，當初開始寫書時，我每天都在想像「在○○書店的暢銷書區站著一位女性很專心地閱讀著我的書。而我就悄悄地守在一旁看著她」的情景。結果，這樣的情況後來真的發生了。

例

「我取得了美甲師的執照，開了一間時髦的美甲沙龍店。」「我進入○○公司上班後，因為業績是全國No.1而受到公司表揚」等。

◇讓工作表現良好，運氣變超強的習慣◇

每天開1次「個人會議」。

如果想讓「自己」變幸福，那就透過「個人會議」來了解自己內心真正的想法。

最適合進行「個人會議」的時間是睡前10分鐘。這時候所做的思考會隨著睡眠一起進入內心深處的「無意識」當中。據說人類的行動受到意識控制的只有3%，剩下的97%全被無意識操控。只要好好掌握這97%，你就能開始實現各種目標。

@「個人會議的3個提問」

①「現在的心情如何？」→了解自己真正的心情

②「現在想要得到什麼？」→立下能讓自己開心的約定

③「今後希望自己變成怎樣？」→描繪希望的願景並且牢牢記住

1 正在從事怎樣的工作？（盡量具體描述想像中的情景）

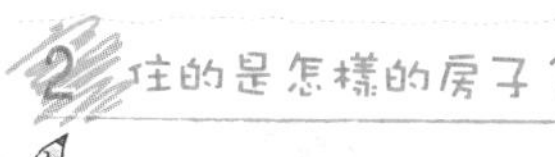

2 住的是怎樣的房子？

3 與家人、朋友、男／女朋友（或配偶）的關係如何？

4 怎麼度過假日或下班後的時間？

5 大概有多少收入？你如何分配使用那些收入？

6 那時的你對於哪些事物感到有興趣？思考的事又是什麼？

※關於1的「正在從事怎樣的工作？」請寫在行事曆等容易看到的地方，讓自己每天至少能看到1次。並將那樣的情景牢牢地記在心裡，告訴自己「我會變成那樣」。

02

無論從事哪種工作都能讓自己成長

——保持從容愉悅的心態必定會有所成長

「唉～，我的工作好無聊……」

有時候，你是不是也會像這樣發出嘆息？

不過，能讓工作不感到無聊的並非改變工作的內容，而是對待工作的心態。無論是怎樣的工作，只要帶有令人愉快的要素，做起來就會感到快樂。

舉例來說，假設做菜前你告訴自己「嗯！今天也來做點好吃的吧！」用積極的態度去做菜，你會發現做菜時會變得很快樂，吃到美味的料理會讓你感到很幸福。久而久之廚藝也進步了，因而讓你感到更加快樂，就這樣形成一連串的快樂連鎖效應。反之，如果你是帶著「唉～每天都得做飯，好累、好麻煩！真討厭～」的想法，做菜便只會讓你感到痛苦，那你自然吃不到美味的料理，廚藝也不會進步，就會變得越來越不想下廚，而陷入不快樂的連鎖效應。

即使對某件事不拿手，只要有「慢慢進步就好啦」的心態，每天就會有所進步，也會覺得越來越有趣。

也就是說，能不能感到快樂就在於你採取的是「主動出擊」還是「被動逃避」的態度。既然非做不可，與其逃避不如積極快樂地去做不是更好嗎？

所以，不管是怎樣的工作，都請保持愉悅的心情，試著讓自己樂在其中吧！

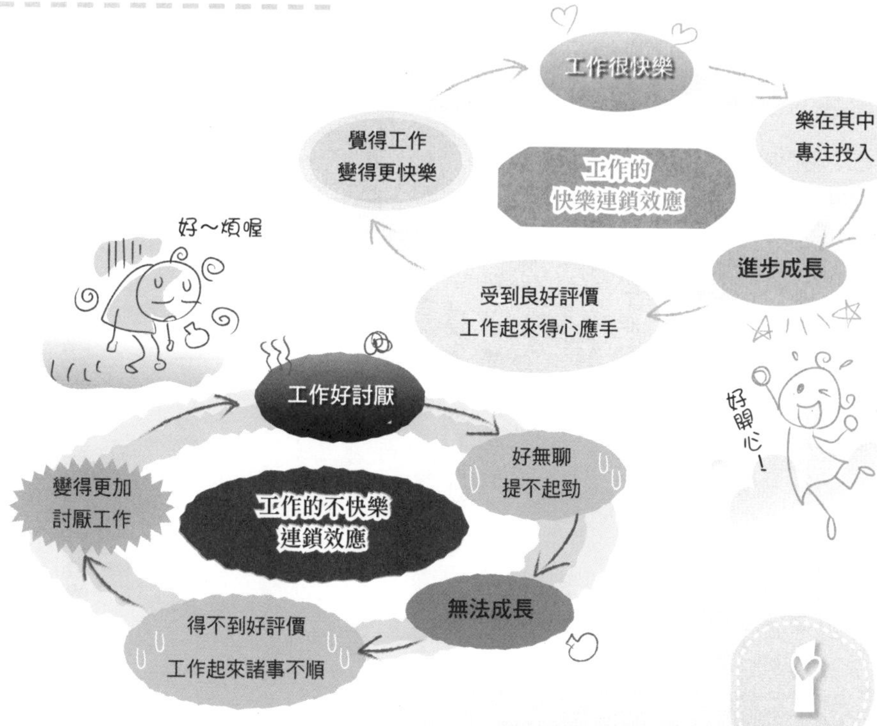

讓「無聊乏味的工作」變得「快樂有趣」的小妙招

1 每天致力於達成「最好的成果」

例●寫報告的時候，不要只想著別被挑毛病就好，而是想想「怎麼寫看起來比較方便、易懂」、「有沒有再簡單一點的格式」、「要不要把這點也列入報告內容」等以「最好的成果」為目標，工作立刻就會變得有趣起來。

2 向時間挑戰

例●「30分鐘完成資料的製作！」「15分鐘內回覆完一天的郵件」帶著向時間挑戰的心情面對工作。這會讓你的工作效率變得很好，能力也會跟著提高。

3 設定小目標並記錄結果

例●每天打掃時定下一些小目標，例如「今天要把廁所的洗手台擦乾淨！」完成後在月曆上畫個○。如果是做資料輸入的工作，就寫上今天完成了「××份」的資料。透過記錄來激勵自己。

4 偶爾讓自己放鬆一下

例●每天都做一樣的工作，就算工作時有些出神還是能夠完成。若是做相同的事，偶爾在心裡默默地唱歌或直接哼出聲讓自己放鬆一下。適度的「放鬆」與「緊張」可以提高集中力。不過，請各位要小心別因為「過度放鬆」而造成工作上的失誤。

◇讓工作表現良好，運氣變超強的習慣◇

2

將「討厭」⇓想成是「不擅長」、「不拿手」

●去除「討厭」的想法，情緒的起伏就會變和緩。

「討厭」的感受會讓人對人事物感到排斥，連自己的心情也會受到影響。若一直帶著「討厭」的想法，關係絕對不會改善。只要減少讓心情變差的「討厭」因素，使心情變好的「喜歡」因素就會增加擴大。

例

工作

「討厭的工作」⇓想成是「不太擅長的工作」

人際關係

「討厭的上司」⇓當成是「有點難相處的上司」

還有……

「喜歡的人」⇓就會變成「最愛的人」

3

即使是簡單、不起眼的工作也要用心去做

●重視不起眼的工作會讓你獲得周圍的信賴。

請好好重視「理所當然的事」。接電話的時候，透過音調的高低、用字遣詞等就能讓你與他人產生落差。就連為別人準備茶水，也會因為比較用心而使別人覺得「你泡的茶比較好喝！」打掃時很認真的人會讓別人對他另眼相看。無論是多麼不起眼的工作，都不要抱著敷衍了事的態度，請認真用心地去做。

4

試著多活動身體

●活動身體會提高鬥志，帶來好運。

有時雖然早上覺得很沒精神，但工作了一段時間後會覺得「變得有精神起來！」這樣的經驗我想各位或許都曾有過。我們不是因為「有精神而動」，而是「活動身體的時候變得有精神」。活動身體會讓我們獲得有益的情報、願意提供協助的人。想到要做什麼就馬上連絡，有什麼在意的事就立刻調查，有想見的人就馬上約對方見面……想到什麼就立刻行動！

5

從缺乏興趣的工作開始著手

●積極面對任何工作，幸運就會來到你身邊。

如果有不擅長的工作、重要的課題等非做不可的事，就趕快著手進行。這麼一來，當那些事結束後你才能放下心中的大石，以輕鬆的心情去做其他的工作。

如果一直拖延不做，心裡也會覺得有負擔，這樣反而會讓自己累積更多的壓力。

03

找出最佳工作的最強途徑

——不知道自己適合哪種工作的人，必看！

一般人常說「可以把喜歡的事當成工作是最好的事」。當然，做自己喜歡的事心情會比較好，也較能充分發揮能力。不過，即便起初是「不那麼喜歡」的工作，在做了一段時間後也會樂在其中，像這種情況也很常見。只要找出「喜歡」的種子並加以培育就好了。

究竟我們要選擇自己最喜歡的事當成工作，還是讓自己慢慢去喜歡自己的工作呢？這個情況和戀愛很像。但，與戀愛不同的是，工作是有報酬可得的「買賣」。

工作就像是利用商品（即我們本身）向公司或顧客取得酬勞的生意。假如你的存在不被對方需要，買賣就無法成立。

自己「喜歡與否」固然很重要，**但讓自己「獲得好評價」也是一個好方法。因為獲得好的評價後，大部分的人都會變得喜歡自己的工作。**如果將「喜歡」與「獲得好評價」合而為一，你就能發揮最強大的力量。

「我想做什麼・我能做什麼」

「哪裡會有這樣的需求」

「那對我和社會都是有幫助的事嗎」

請你仔細地想一想。就算無法立刻回答這些問題也無妨。在你展開各種行動時只要持續思考，總有一天會出現答案。這世上一定會有讓我們產生使命感的工作以及發光發熱的地方。

<找尋自己「天職」的項提問>

最讓你感到興奮的事是什麼？

能讓你專注投入的事是什麼？

小時候的夢想是什麼？

工作中何時會讓你獲得稱讚？

工作時，什麼事會讓你感到開心？

請試著將自己當成一項商品。你認為你的優勢是什麼？

例● **英語會話能力（TOEIC 850分）、溝通能力、個性開朗、電腦技能（Word、Excel、PPT）、擁有3年的企劃資歷等**

上述的1～6是為了讓你了解以下的事。

1……讓你感到好奇・有興趣的事
2……能讓你樂在其中・積極投入的事
3……你心中的憧憬・本質的慾望
4……受到他人認同的事
5……讓你產生充實感的事
6……發現自己的「優勢」

試著從1～6當中找出幾種你可以做的工作。
（就算從沒做過，描述不夠具體也OK）

例● **與人接觸的工作、使用英語的工作、服務業、企劃、顧問、教師等**

從中圈選出3個「有機會一定要試試看！」的工作。
那可能就是你的天職喔！

04

正面的話語會為你帶來同樣正面的現實

——相信語言的力量，多說些正面的話語

日本有個相傳已久的詞彙叫做「言靈」，不知道各位是否曾聽說過？

1 從「無」變「有」（否定⇒肯定）

- 「只剩下1小時了」⇒「還有1小時喔」
- 「我辦不到」⇒「只要花點時間就能完成」
- 「不可能！」⇒「真的嗎？」

2 改變語尾（強硬的印象⇒柔和的印象）

【義務感→自己的意思】

- 「不快一點的話」「必須快一點」⇒「好，加快速度吧」

【必須～→～比較好・最好是～】

- 「必須更加注意」⇒「再多注意一點比較好」⇒「最好是再多注意一點」

【命令→疑問】

- 「去打電話」⇒「可以幫我打通電話嗎?」⇒「可以麻煩您幫我撥通電話嗎?」

言靈指的是語言所具備的神奇力量。但，它其實一點也不神秘虛幻，反而非常具體真實。不論好壞與否，語言確實有控制人類心情的力量。

指導馬拉松選手高橋尚子的小出教練，每天都會對她說：「小Q（譯註：高橋選手的暱稱）妳一定可以奪得冠軍。絕對沒問題！妳一定會成為世界第一」。果然，之後高橋選手在雪黎奧運中就成功拿下金牌。

如果當時小出教練只有說「妳會成為日本第一」，也許高橋選手就只會成為日本第一。假如他說了「妳已經不行了」，說不定她的選手生涯便就此畫下句點。

將負面的話語導向正面

「多說好話」讓情況好轉

只要換個說法就能改變周遭的氣氛。同樣地，只要說些意義正面的話，心情也會變得積極。

以正面的話語結尾
（消極表現 ⇒ 積極表現）

- 「最近雖然過得很充實，卻也很忙」 ⇒ 「最近雖然忙，但我覺得很充實」
- 「雖然想試試看，可是好難」 ⇒ 「雖然很難，但我願意試試看」

說明特質時以正面的話語表達
（將焦點放在正面的部分）

- 「我們辦公室小得不像話」 ⇒ 「我們辦公室的氣氛很溫馨」
- 「我上司是很隨便的人」 ⇒ 「我上司是個不拘小節的人」

接話時不用反駁的口吻，而是表示肯定
（不否定對方）

- 「可是，我不這麼認為」 ⇒ 「原來如此。還有這樣的想法啊」
- 「與其這樣說……」 ⇒ 「嗯。如果再……的話你覺得如何呢」

「話一出口，馬上就變得很有真實感」，這樣的經驗無論是誰應該都曾有過。當你告訴身邊的人「我打算去學〇〇」，接下來就會開始行動。當你告訴朋友「我好像喜歡上A了」，你就會越來越在意A的存在。然而，可怕的是，負面消極的話語也會帶來不好的現實。假設吃飯時你說了「這個真不好吃」，頓時就會食慾全消。如果三不五時就把「好累喔」掛在嘴邊，累的不光是你，就連周遭的人也會覺得筋疲力盡。**你說的話會如實地為你呈現出相同的現實。**好的話語會帶來幸運，不好的話語當然只會帶來惡運。因此，說話時請多說些意義正面的話。不需要高聲疾呼「我要變幸福！」只要多使用正面的話語，你自然就會成為「幸福的人」。

05

讓提升運氣的話成為你的口頭禪

——別說會降低好運的負面話語

請各位記住「多說正面的話語，不要說負面的話語」。讓提升運氣的正面話語變成你的口頭禪，好運就會接連不斷。

〈提升運氣的話〉

- 「謝謝」 ●「多虧有你」
- 「彼此彼此」 ●「我很樂意」
- 「沒問題」 ●「OK！」
- 「我可以」 ●「輕而易舉」
- 「我很幸運！」「運氣真好」
- 「好開心！」 ●「真幸福！」
- 「超讚」 ●「好棒」
- 「您先請」
- 「真是太好了！」
- 「好像會有好事發生喔！」
- 「真棒！」「很快樂」、「很開心」

等意義正面的話語，以及

- **對他人與周遭一切表示感謝**
- **稱讚他人的話語**

1

「可是」、「因為～嘛」、「反正」是禁語！

「可是，我沒有聽到啊」
「因為我很忙嘛」
「反正我就是頭腦不好」

●●●將自己的行為正當化或刻意貶低自己都是不好的行為。如果表現出敷衍的態度，不光是自己，就連身邊的人也會感到無力。請坦率地告訴對方「是啊」、「原來如此」、「我了解了」。這麼一來，周遭的人一定也會以溫情接納你。

這樣的負面表現也會降低你的好運！

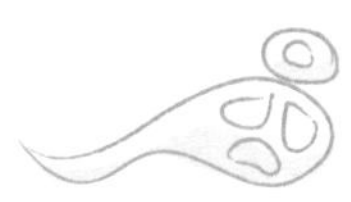

3 「要是～的話，怎麼辦」沒必要擔心未發生的事

> 去想根本沒發生的事就和「妄想」沒兩樣。

「要是～的話……」像這樣為了從沒發生的事胡思亂想是很沒意義的。這麼做只會徒增自己內心的不安。如果真的很擔心，那就想出對策吧！「船到橋頭自然直」，對於未知的將來請抱以期待的心情。

2 「如果～的話就好了」別再沉浸於過去的後悔中！

> 說出後悔二字等於是在否定現在的自己。

就算你說「如果～的話就好了」，情況也不會有任何改變。

正因為有過去的那些事，才造就了「現在的你」。

所以請用肯定的語氣說「因為有那樣的事，才有現在的我」。

〈降低好運的話〉

- 「好忙」
- 「好累」
- 「運氣真差」、「真倒楣」
- 「我辦不到」
- 「好難」
- 「沒辦法」
- 「很糟糕」
- 「很差勁」
- 「無法原諒、容忍」
- 「我沒錢」
- 「不會……」
- 「傷腦筋」
- 「好困擾」
- 「不容易」
- 「隨便啦」
- 「虧大了」
- 「好煩」
- 「心情很差」、「好無趣」、「真無聊」

等負面話語，以及

- 不平、不滿、說他人壞話、發牢騷
- 責怪、傷害他人的話語

06

「謝謝」會為你帶來好運

——「感謝高手」是「獲得幸福的高手」

「謝謝」是會讓我們變幸福的魔法話語。

「謝謝」是與「幸福」連結在一起的。

「很快樂！」「太棒了！」「好好吃」等所有讓你感到開心的事物，你都要向它們說聲「謝謝」，表達感謝的心情。

即便你認為是理所當然的事，也要懂得感謝。

「今天也能夠繼續工作，謝謝」

「今天又健康平安地過了一天，謝謝」

「可以生活在這個地方，謝謝」

另外，「謝謝」的日文漢字寫作「有難」，意思是很難得的事，如奇蹟般美好的事。

只要說出「謝謝」二字，讓你感到**「快樂的事」會變得更快樂，「理所當然」的事也會變幸福，就連看起來「很辛苦的事」，也會變成具有讓自己成長的意義。**

無論手中握著怎樣的牌，全都能在瞬間變成好牌，因為「謝謝」這句話會帶給我們幸福快樂。

這句充滿魔力的話會讓現實情況成為你我最好的後盾。

不必擔心說太多，請盡量多說幾次，讓幸運與幸福越來越靠近你。

◇讓工作表現良好，運氣變超強的習慣◇

6 將每天的感謝記錄在行事曆，或是月曆上

●累積「感謝」就是累積「幸福」。

將一天中最想要「感謝」的事記錄下來。不需要勉強自己每天都要做到，想到的時候寫下來就好。在行事曆的每日安排中保留一個角落設定為「感謝」區，你會發現自己擁有許多的「幸福」。

7 向周圍的人表示最大的感謝

●「謝謝」這句話是人際關係的潤滑油。

當別人為你做了什麼，別去想「其實你不必為我這麼做」，只要告訴對方「謝謝你」。受到稱讚時，別急著說「沒那回事啦！」請充滿自信地回答對方「謝謝你」。接受並感謝他人的好意，對方也會把你當成「非常棒、很值得感謝的人」。

8 無論何時都不忘說聲「謝謝」

●無論何時，都能變得幸福！

想變幸福很簡單，只要常說謝謝，表示感謝即可。無論身處在怎樣的狀況下，感謝的種子都不會停止成長。但，要變不幸也很簡單。不懂得感謝現況，反而覺得自己目前的情況「很糟糕」，那麼你很快就會變得不幸。幸福的定義並非「狀況的好壞」，而是你的「心態」。

什麼時候該說「謝謝」？
——淨化心情的方法

1
想要更實際感受快樂的心情時
「謝謝，我真的好幸運！」

2
想確實感受內心踏實的幸福時
「謝謝，讓我活在這世上」

3
工作上遇到不順心的事・碰到挫折時
「謝謝，讓我有工作的機會」

4
做某件事需要勇氣・感到不安時
「謝謝，讓我一切順利」
（想像自己已經順利完成事情的狀態）

5
發生不好的事・感到後悔時
「謝謝，給了我成長的機會」

6
受到他人責難、中傷時
「謝謝，讓我了解了自己的缺點」
（即使心裡不這麼想也請這樣說）

THANK YOU!

請舉出10件在你過往的人生中想說「謝謝！」的事！

1

2

3

4

5

6

7

8

9

10

怎麼樣，是不是覺得你的人生過得很幸福呢？
「謝謝」這句話會讓你確實感受到自己是幸福的。
「謝謝」這句話具有淨化心情的效果。

讓時間成為你的夥伴，不錯失任何機會的思考方式

——能幹的人懂得控制時間

大部分的人每天都很忙，總是處於被時間追著跑的狀態。

正因為經常處於這種慌張忙碌的狀態，使心情不能放鬆，對眼前的事物無法專注，因而常在不知情中錯失了好事或機會。

日本有句俗諺是這麼說的：「機會之神只有瀏海」。

意思是，當機會來臨時要快速伸出手，否則它很快就會消失無蹤。因為機會之神的後腦光溜溜的沒有頭髮，等祂與你擦身而過時，那就為時已晚了。

因此，我們要保持穩定的內心，好好享受「現在」與「眼前的一切」，做好萬全的準備等待機會降臨。

為保持內心的穩定，懂得如何控制時間是很重要的。

你想被「時間」追著跑，還是，**反過來由你來操控時間**？假如你用「被動」的姿態去接受別人給予的課題，那麼你就會被時間耍得團團轉。

既然如此，何不採取「主動出擊」的方式，由你來掌握主導權。

這並非很困難的事。1天有24小時，這是永遠都不會改變的。這世上所有人分配到的「一天」都是如此。

讓「時間」成為你的夥伴，好好地與它相處。

你會發現「時間很嚴厲」、「時間很冷酷」這些話原來只是誤解而已。

◇讓工作表現良好，運氣變超強的習慣◇

9 與人約定見面時提早10分鐘到

●充裕的時間會帶來幸運。

以從容的心情等待對方是件愉快的事，而且你也能利用多出來的時間做點別的事，例如「稍微補個妝」、「看一下面談的資料」。反之，如果把時間抓得很緊或遲到了，內心會感到很焦急，因而會招來惡運。「怎麼偏偏在這個時候發生這樣的事……」為避免出現這種情況，除了與人約定見面時，面對生活中的一切都要有寬裕的時間。

10 絕口不提「我很忙」

●「我很忙」＝我輸給了時間。

你說的話會決定你的狀態。「忙」這個字的意思是「失去內心（心＋亡）」。因為處於極度「無心」的狀態，讓你無法自在地享受當下。請試著好好分配運用你的時間。不要去想怎麼「戰勝」時間，而是思考如何與時間「和樂相處」。

11 無法立刻完成的事就先「擱置」一旁

●隨著時間經過，狀況會改變。

遇到無法馬上解決、不知該如何處理的事就先擱在一邊，不要過度執著於那些事。這麼一來，周遭的狀況與你的心情也會跟著改變。也許在不經意時會突然靈光一閃，想到不錯的解決方法或點子，因而讓令你感到煩惱的事獲得解決，或自然地淡忘。請各位好好利用「時間」的優點吧！

09

停止出現消極負面的情緒

——只要切換成積極正面的情緒就沒問題了

真希望每天都過得很快樂……無論是誰應該都會這麼想。

然而，那些會讓你我傷心、憤怒、煩躁的事卻總是不時地出現。

如果經常讓自己處於消極負面的情緒，好事就不會來到你身邊。

所以，請忘了那些不愉快的事。別再執著下去。與其強迫自己關掉負面情緒的開關，不如**切換至正面的情緒**。說服自己「這樣就可以了」，或是「嗯，來想想該怎麼做吧」積極地尋找解決的方法。

盡可能別讓自己露出負面情緒的表情。在公司生氣或哭泣都不是良好的情緒反應。表現出煩躁、無趣也會帶給周遭人不好的影響。與其哭訴自己的委屈，不如笑著大聲說「我的想法是……」會更具有說服力。

成熟的女性懂得如何控制自己的感情，即使想哭也能克服並轉換心情，露出笑容。

「雖然不怎麼有趣卻還是在笑，笑著笑著好像真的變快樂了」只要試著去做，你就會有這樣的發現。「好開心！」「真幸福！」稍微誇張地表現正面的情感，負面的情緒就會悄然而逝。

請各位記住，陷入負面的情緒中時，很容易會被當成是「可憐的人」喔！

◇讓工作表現良好，運氣變超強的習慣◇

12 很生氣的時候請數到10

●衝動的情緒不會持續太久。

遇到令你很火大的事時，請先在心中默數「1、2、3……」。「覺得生氣就數到十，感到很憤怒就數到百，如果還是不行就數到千」。

數完後「呼～」地深吐一口氣，心中的怒氣就會緩和不少。為了轉換心情，請試著去想些別的事吧！

喂～！
去幫我泡杯茶來吧～？
三萬八千五百六十三、
三萬八千五百六十四、
三萬八千五百……

13 「唉呀」、「哦」、「真有趣！」是能讓心情穩定的一句話

●將消極情緒切換成積極情緒的咒語。

只要說這句話，不知道為什麼就會變得冷靜下來！如果有這樣的一句話是很方便的事。

就算發生了會動搖你內心的事，只要故作鎮定地說：「唉呀，這樣啊？」心情就會不受影響保持穩定。另外像是「這樣很好不是嗎？」「一定沒問題啦」等具正面意義的話也可以穩定情緒。

14 自創一套專屬於你的轉換心情法

●「時間」、「場所」、「行動」改變了，心情也會跟著改變。

能有一個「這麼做心情就能獲得轉換」的方法會讓人覺得很安心。各位不妨參考下頁，想想可有效改變心情並專屬於你的方法。只要多做幾次，就能輕易轉換情緒。

辦公室5分鐘！輕鬆轉換心情的方法

改變所處的環境、活動身體或進行不同以往的行動。利用最適合自己的方法轉換心情，以嶄新的心態重新開始！

□ 暫停手邊的事，到室外做個深呼吸

仰望天空，看看雲的流動，接觸草木綠意。

□ 喝杯茶或咖啡讓自己稍稍喘口氣

休息一下吧！為自己泡杯特別的茶飲也是不錯的方法！

□ 看看最喜歡的人的照片，試著將內心的感受傳遞給對方

一直陪伴著你的愛犬或愛貓、家人、男女朋友、藝人……說不定對方真的會感受到你的心意!?

□ 花個5分鐘整理辦公桌的周圍

整理好環境，頭腦和心情也會變得煥然一新！

□ **暫時離開座位，在公司裡走一走與同事閒聊**

聊天是最好的方法。最好是聊聽了會笑的事，但，工作中要注意別聊太久。

□ **刷刷牙、補個妝、對著鏡子笑一笑**

以愉悅的心情繼續面對接下來的工作。

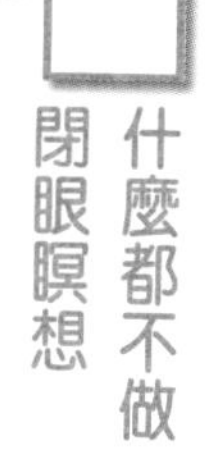

□ **什麼都不做，閉眼瞑想**

在會議室等安靜的地方，閉上眼瞑想5分鐘。

□ **簡單地按摩、做做伸展操**

按一按頭、肩、頸、手掌等部位，伸展一下手腳。

□ **聞一聞精油的芳香氣味**

在手帕上滴1滴精油，想轉換心情時就拿出來聞一聞。

□ **午休時稍微睡一下**

午餐過後身體會感到疲倦，建議可睡個15～20分鐘。

10

工作表現出色的人很懂得如何應付壓力

——玩樂或喝酒並無法消除壓力

壓力的根源分為「可以解決的課題」與「無法解決的問題」。首先，請將其歸類。

若是「可以解決的課題」，那就進行解決的行動。消極地逃避、藉由玩樂、喝酒等其他行為排解壓力，是無法消除壓力的根源，而且內心也會一直留有疙瘩的。

如果是「無法解決的問題」就乾脆一點直接放棄。放棄的意思是「看開一切」。**以肯定的心態告訴自己「嗯，這樣也好」**，然後繼續往前邁進。

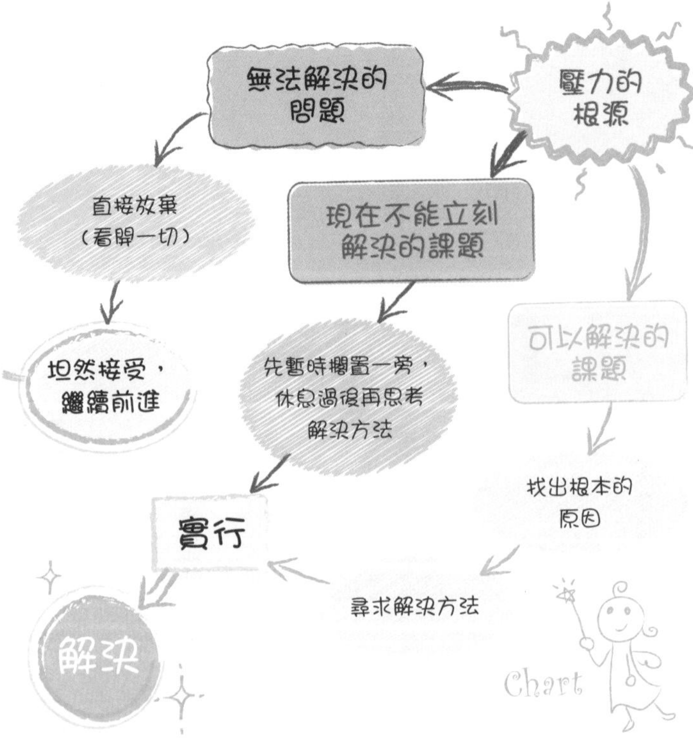

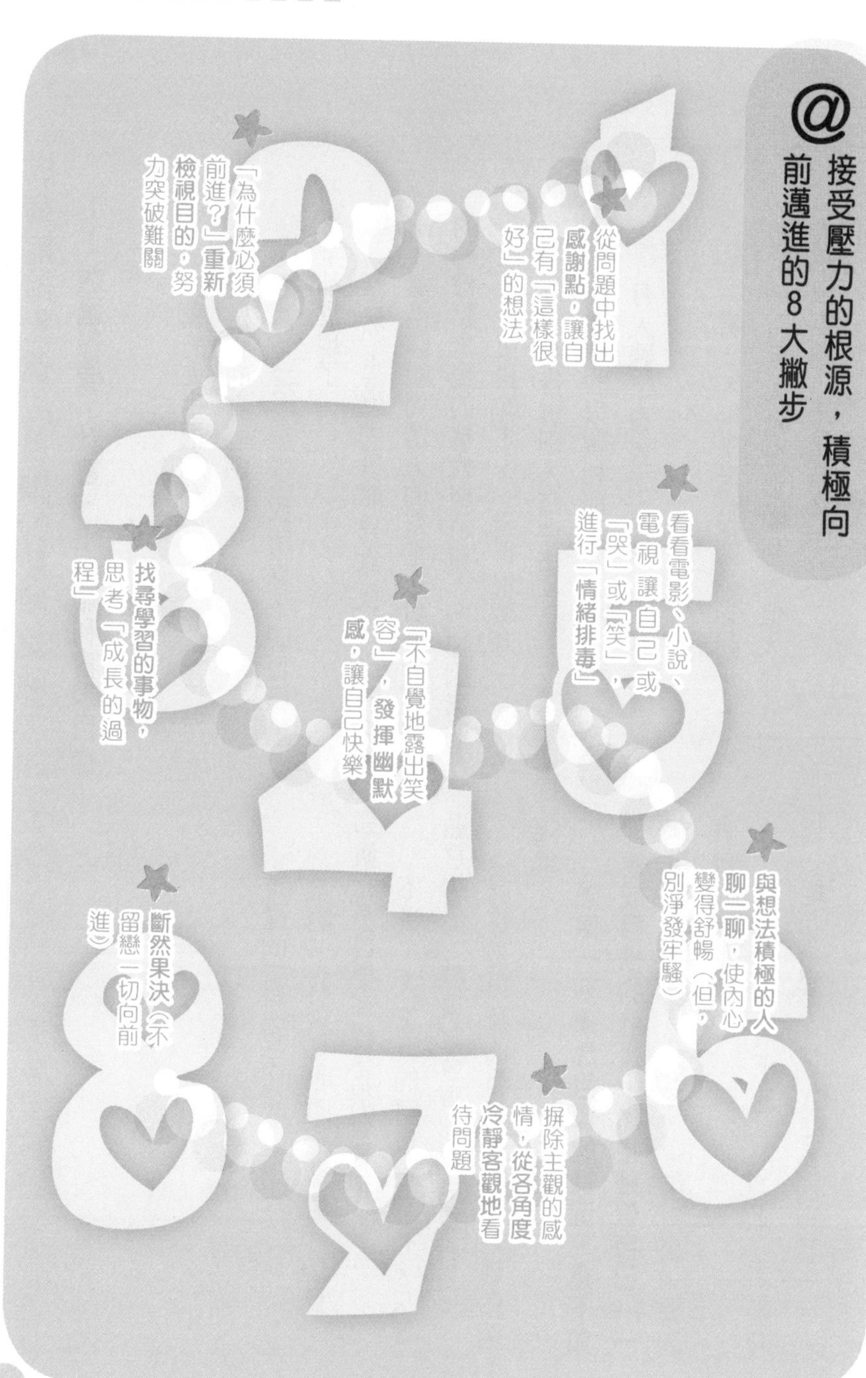
@接受壓力的根源，積極向前邁進的8大撇步
1
從問題中找出感謝點，讓自己有「這樣很好」的想法
2
「為什麼必須前進？」重新檢視目的，努力突破難關
3
找尋學習的事物，思考「成長的過程」
4
「不自覺地露出笑容」，發揮幽默感，讓自己快樂
5
看看電影、小說、電視讓自己或「哭」或「笑」，進行「情緒排毒」
6
與想法積極的人聊一聊，使內心變得舒暢（但，別淨發牢騷）
7
摒除主觀的感情，從各角度冷靜客觀地看待問題
8
斷然果決（不留戀）一切向前進

11

成為能確實達成目標的能幹女性！

——透過想像・計畫・確信順利實現目標

「我的人生很順利」

這是我的真心話。

因為，這十年來我所立下的目標幾乎全都實現了。

當然，這不可能只靠我自己的力量，還得仰賴周遭人的幫忙，以及在最好的時機點來臨的機會與情報，多種因素的巧妙結合使我的人生「過得很順利」。

每當我告訴別人這件事，

「妳真的很順利耶！」

有人聽了會表示認同，但也有人會說：

「咦？人生才沒有那麼順利哩！」

「有些人過得很順利，但大部分的人都很不順，不是嗎？」

這樣的意見也不少。

是啊。我曾經也這麼想過。因此，即使立下目標卻總是很難實現。

不過，人生真的可以很順利。只要願意相信，結果就會讓你感到很神奇。

就算是再難的目標，也能夠輕鬆地達成。

想像一下達成目標的情況，寫下如何達成目標的計畫，然後確信自己「一定可以！」這樣就ＯＫ了。接下來只要去實行就好。

起初你所寫下的「3年後幸福的我」絕非夢想，是「3年後的現實」。

1 具體描寫目標達成的情況（像在描繪圖像般地敘述情景）

2 若必須設下期限，請寫下最終日期（如果沒有期限，不寫也沒關係）

3 擬定達成目標的計畫 ⇒ 確信自己「我可以！」

4 針對目標必須進行的事列出「TO DO」

5 將4的事項依時間的先後順序騰寫至行事曆內

6 開始實行（實現目標之前）

7 目標達成

目標達成的想像 → 擬定達成目標的計畫 → 確信自己「一定可以！」 → 實行 → 達成

※直到目標實現前都要堅信「我一定可以！」

例 以「取得室內設計師的證照後轉換工作跑道」為目標

1…成為室內設計師，與客戶討論新居室內設計的情景

2…「2年後的3～4月換工作」，定下明確的期限

3…①邊繼續現在的工作，邊到專門學校上課以考取證照
（上課時間3小時×每週1天＋在家自習60分鐘×每週5天）
②8個月後的10月，參加證照考試
③隔年2月成績公布
④3～4月應徵室內設計店家或建商的工作
⑤錄取（2年後）
⑥工作3年以上，累積經驗

4…☐收集專門學校的資訊
☐索取專門學校的簡章
☐支付專門學校的學費（30萬日圓）
☐與目前很活躍的室內設計師接觸，了解這一行的工作內容
☐考慮到之後換工作可能需要半年的時間，預先準備好3個月的生活費
其他

5…將4所列出的事項依時間先後排序，能夠立刻完成的事先寫進行事曆內

6…實行（實現目標之前）

7…目標達成

※此過程適用於任何目標。
請保持期待的心情，決定好企劃的名稱（以上例來說，可取名為「室內設計師實現企劃」、「秘密IC計畫」等）並開始實行。

〈範本〉

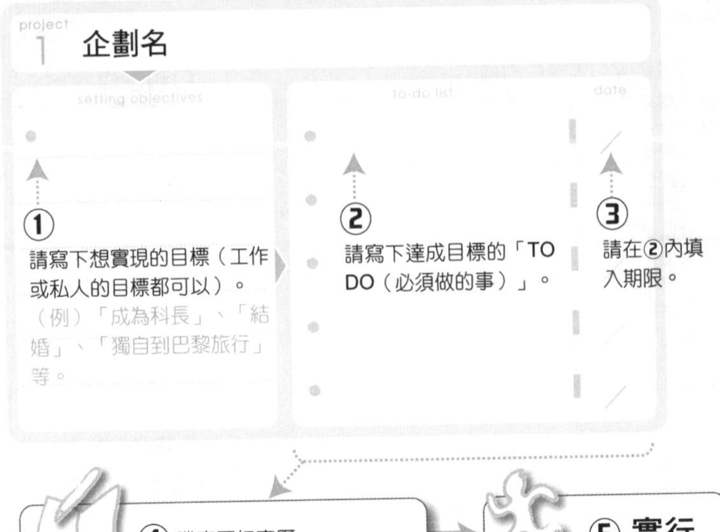

project
1
企劃名
setting objectives
to-do list
date
①
請寫下想實現的目標（工作或私人的目標都可以）。
（例）「成為科長」、「結婚」、「獨自到巴黎旅行」等。
②
請寫下達成目標的「TO DO（必須做的事）」。
③
請在②內填入期限。

④ 謄寫至行事曆。 → ⑤ 實行

project
1

setting objectives

to-do list

date

project 2

setting objectives

to-do list

date

/

/

/

/

/

project 3

setting objectives

to-do list

date

/

/

/

/

/

12

能幹的人都知道的「努力無效法則」
——以肯定的想法設定目標

假設「不遲到」是你的目標。

乍看之下似乎是不怎麼樣的目標，但背後卻隱藏著很大的陷阱。

說到「不遲到」馬上就會聯想到「遲到」這件事。因此就算你再努力「想讓自己不遲到」，對於「遲到」的第一印象還是很深刻。

這就是「努力無效法則」。

「明明告訴自己不可以那樣，最後卻還是變成那樣」這種情況還真不少。就像是小心翼翼地端著茶，結果還是潑了出來。

這是因為你腦海中有著「說不定會潑出來」的想像，進而引發了事實。

如果「完全不去想會不會把茶水潑出

◇讓工作表現良好，運氣變超強的習慣◇

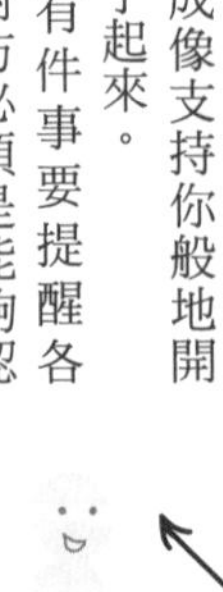

15

試著將目標告訴周遭的人

●更容易獲得情報與機會。

將目標告訴周遭的人，你會獲得各種情報與機會，還能為你創造良好的時機！周圍的空氣也會變成像支持你般地開始動了起來。

但，有件事要提醒各位，對方必須是能夠認同你的人。假如對方聽了你的目標後表現出否定、嫉妒的反應則會造成反效果。請找「一定會支持你」、值得你信賴的人。

來」，端茶時就會感到很輕鬆自在。

所以設定目標時別使用「不遲到」這種否定的說法，而是想成「比約定時間提早10分鐘到」。與對方約定見面時也別說「別遲到喔」，最好說「那我們6點在店裡見囉」像這類語氣積極的話。

請以「肯定」的想法・語氣來設想目標、向他人表達自己的意思或提醒對方。

例

「別感冒了」
⇒「要一直保持健康喔」

「別讓自己變胖」
⇒「好好維持現在的體型」

「別把發表搞砸了」
⇒「我要完成最棒的發表」

16 把目標寫在容易看到的地方

在1天內看好幾次就會無意識地牢牢記住。

把目標寫在行事曆、家中書桌前等容易看到的地方，每天至少要看1次。看到時請試著想像實現目標後的情景。使內心確信目標一定會實現，這麼一來能協助你完成目標的人與情報就會不斷出現。

17 大目標細分為小目標後逐一實現

累積小目標，達成大目標。

遠大的志向很重要，不過，一開始就設定太大的目標，會讓人感到遙不可及，產生退縮的心情。就拿爬富士山來說好了，最好是循序漸進，從5合目（＝5／10）、7合目（＝7／10）、8合目（＝8／10）……像這樣分段進行，慢慢地達成目標。當你完成需要花費些許時間、心力的小目標後，內心會感到「喔，我已經做到這裡了。加油，一定沒問題！」。因為受到了激勵，所以就會繼續向前邁進。

13

預先了解「幸運體質」的條件

——容易發生好事的人都有片吸引幸運的土壤

好事並非「碰巧」發生，一定是「因某種理由」而起。

幸運會很公平地來到每個人的身邊。

不過，容易發生好事的人，他們都有一片吸引幸運的「土壤」。

這種「幸運體質」的條件就是……。

1 憑直覺決定一切

直覺是我們內心深處無意識的訊號，每個人的內心深處都希望「變幸福」。因此，直覺會幫助你我做出變幸福的選擇。

有時無意識地說出「就這麼做吧」，偏偏又會考慮太多，心想「不不不，再等一下吧」，最後反而做出錯誤的判斷。

最初的感覺最正確。要是感到煩惱，也請縮短煩惱的時間，不要想太久。

2 以「正面態度」看待事情

面對相同的情況時，有些人會用「正面態度」來看待事情，有些人則選擇「負面態度」。舉例來說，有些人與男友分手後會想「每天都好寂寞，可是交新男友又不是那麼容易……」，但有些人卻會想「以後我可以好好運用自己的時間了！再來談一場新的戀愛吧！」幸運之神會對誰微笑呢？我想答案已經很清楚了。無論面對哪種情況，**只要保持「正面的態度」，幸運就會來到你身邊**。

3 懂得為他人付出

幫助他人、使別人感到喜悅，是人類終極的慾望，也是終極的幸福。

有句俗話說「善有善報」，**即使不是直接了當地表現關懷，最終還是會得到回報**。當我們捨棄了自我與得失，就能更自在地放手去做讓別人感到快樂的事。然後周圍的感謝及好意會讓我們得到比付出更多的恩惠。

14

認同自己是個「好女人」

——保持「我想成為這樣的女性」的想法讓自己變美麗

我認為「美麗」取決於自己有沒有把自己當成「美麗的人」來看待。

有些人雖然長得很美，對於穿著打扮卻毫不用心，等於浪費了自己的美貌。相反地，有些人即使長得不美，卻很了解自己的個性，言行舉止表現優雅，說話也很有氣質，因而給人「她很美」的印象。

「美麗」不光是長相，而是由表情、肌膚的狀態、姿勢、穿著、髮妝、動作、談吐、香氣等綜合而成的整體印象。想讓自己變「美麗」，就要擁有「我想成為這樣的女性」的想法。

所以，要認同自己是個「好女人」，然後做些讓自己感到開心的事。

相信自己，提高對「美」的要求就能提升「美麗度」。要是對自己沒自信，對美的要求也很低，那麼自然無法提高「美麗度」。

當表現出我是個「美麗的人」的態度時，周遭也會認同你是個「美麗的人」。「人會依外表來判斷他人」這是事實。讓自己美麗，幸運就更容易來臨。

不過，關於職場上的穿著打扮必須注意「清潔感」及「TPO」（時間・場所・情況）。掌握這2個重點後，以自己的個性為中心，仔細思考什麼才是「真正的你」，打造出一個完美的自己。

◇讓工作表現良好，運氣變超強的習慣◇

18 擁有自己的幸運色

●幸運色就是勝利色。讓它助你一臂之力！

幸運色會令人感到安心。「只要穿上這個顏色，我就覺得心情很好」、「這個顏色會讓我有好事發生」，像這樣自己找個幸運色吧！不知道為什麼這個顏色很吸引我、看到這個顏色心情就會變好、大家都說這個顏色「很適合我」、這個顏色常讓我發生好事……從這些顏色當中選出一個讓你「很有感覺」的幸運色。遇到重要的關鍵時刻，穿上它為你注入活力。

19 對於自己身上的「角落」、「看不見的部分」也要用心經營

●指甲、手、腳指、鞋子、頭髮的光澤度、內衣褲……

除了妝容、衣服等較顯眼的部分，身體的角落部分也要多用點心。就算穿得很正式，如果鞋尖脫落馬上就大扣分。其實我們反而更會去注意「不起眼的角落」。

另外像是別人看不到的部分也不能輕忽。雖不至於「每天都要穿勝負內褲（譯註：意指女性與男性約會時，為了以備「不時之需」特別準備的內衣褲）」，但千萬別穿著不想被人看到的內褲出門。我們往往只注重表面。如果對於「角落」、「看不見的部分」都能留意，就能產生身為女性的自信。

20 走路時雙眼稍微看向遠處的上方

●「美麗的姿勢」會讓人注意到你的存在！

挺直腰桿的走路姿勢比起服裝更能強調出你的存在感。也會讓你看起來充滿自信、很有幹勁。走路時雙眼稍微看向遠處的上方，表現出精神抖擻的模樣，露出像女明星般的微笑，態度凜然。徹底讓自己化身為「好女人」，展現優美的儀態。

15

成為在任何職場都無往不利的「說話達人」

——學習說話禮儀與商業禮儀

「我不太了解怎麼說話比較有禮貌」

「商業禮儀聽起來好麻煩」

不少人都會有這樣的想法。其實，有禮貌的說話方式及商業禮儀，只要具備一定程度的「基礎」，就能輕鬆應用在各種場合。有禮貌的說話方式與商業禮儀可說是彼此相互尊重，讓雙方都能感到愉悅，使事情順利進行的一種技巧。在注重禮節的日本，這兩項更是根深蒂固的文化，因此也不難理解日本社會有多麼重視「尊重他人」這件事。時至今日，雖然無論上司下屬或公司的前後輩，彼此間說話都變成平輩的口吻，形成了沒有輩分高低的關係，但其實社會上仍然很重視「上下關係」。

因此，我們最好學會在任何職場、情況下都適用的基本說話禮儀及商業禮儀。

那麼，要怎麼學習呢？很簡單，**模仿**就可以。關於說話方式可仿傚經驗豐富的上司或前輩，仔細聽他們平時的用字遣詞、接電話的應對等。換言之，就是重覆地「聽→模仿並應用」。

這和小孩子學習說話的情況一樣，商業禮儀也是如此，用模仿的方式去學習就可以了（或是參考書籍也ＯＫ）。

不斷地模仿學習並加以運用，慢慢地就能得心應手。學會基礎後，若能因應場合隨機應變就是高手的等級。最後就能成為在任何職場中都能無往不利的「說話達人」。

◇讓工作表現良好，運氣變超強的習慣◇

21 接電話時保持良好姿勢、面帶笑容

●就算只有聲音，也要像是見到對方般。

因為電話裡看不見彼此，所以很容易變得散漫。但，你的態度或心情還是會透過說話有沒有精神、音調等被對方察覺。就連你的姿勢是懶散還是良好都能清楚地被知道。因此請帶著對對方的感謝與敬意，挺直腰坐好，面帶笑容地接聽電話吧！由於電話裡的聲音聽起來會低個2～3度，所以最好稍微提高音調。略顯誇張的表現在電話的應對上是剛剛好的。

23 不要說「超瞎」之類的話

●職場內別使用年輕人的用語、流行語。

年輕人的用語、流行語並非社會上通用的語言，使用這種語言會讓別人覺得你很沒常識、很低俗、與時代或個性不符。使用大家都容易了解的語句，以自己的方式表現才能給人有氣質的感覺。

22 當別人和你說話時，請直視對方的臉

●時時表現出親近感與敬意。

工作時突然有人找自己說話，常常可以看到有些人只會抬頭望向對方（過分一點的是完全不看對方）的聽人說話。但其實只要將整個身體面向對方，給人的印象立刻會變得不一樣。另外，如果是你主動找對方說話，不要大老遠地朝著對方喊「○○先生／小姐，昨天的資料好了嗎？」最好走到對方的座位旁問。

16

能夠掌握對方的心情就能受到喜愛
——只要了解這7大重點，你就能成為禮儀達人

真正的「禮儀達人」是能夠察覺對方心情，「率先」表現出體貼的人。

預先掌握狀況，做出符合禮儀的行動以令對方感到愉快、安心。如此細心周到的人任何人都會喜歡他、重視他。

接下來，只要各位記住以下的7大重點，你也能成為「禮儀達人」的一份子。

Manner 1 比對方先打招呼&露出笑容

初次見面、早上問候、擦身而過時，最好都由你主動向對方微笑打招呼，因為這麼做會讓對方對你留下深刻的印象。「主動先做」與「被動地回應」給人的感覺完全不同。主動一點能讓對方對你產生好感，認為「你是個很棒的人」。

Manner 2 仔細觀察「誰比較重要？」

打招呼、交換名片、遞茶水等，應該先對誰做、說話時要以誰為中心、要讓誰坐上座……了解關係性是非常重要的事。如果沒有職位高低之分就以年齡來區分。若年紀都差不多，就盡可能表現公平。

Manner 3 「公」、「私」要分明

自用的手機、電子郵件、上網瀏覽與公事無關的網頁，或將個人物品隨意地擺在辦公桌上、把公司的辦公用品當成私人物品隨便使用。像這些時間、場所、物品的公私不分暫且不論，但千萬不能將「私人感情」帶入公事內。這會讓你在工作及與人相處上變得「好惡不清」。切記「公歸公、私歸私」不要混為一談。

Manner 4 注意對方的狀況再行動

當你看到兩手都提著東西的人，請主動為對方開門；當你與穿著鞋跟很高的人在一起時，就不要走樓梯改搭電梯；或是察覺對方的心情後改變話題……像這樣不需要人提醒就默默做出體貼對方的行為是最高等級的禮儀。

Manner 5 「您先請」禮讓對方優先

在入口前準備開門的時候、搭乘電梯上下樓的時候、與對方同時開口的時候，請說聲「您先請」讓對方優先。但，如果雙方一直重覆「還是您先請」就不好了。假如對方說「您先請」，那就愉快地回道「謝謝您」這也是一種禮儀。

Manner 6 快速回覆對方的委託或疑問

若是簡單的請託或提問等可以立即完成的事，就趕快處理。假如你告訴對方「我打電話給你」就要立刻打，告訴對方「我傳資料給你」就要馬上傳，越小的約定越要遵守實行。說到做到會讓對方對你的信任感加分。

Manner 7 每天照鏡子10次以上

「外表」的禮儀也是工作的一部分。除了要顧及清潔感、TPO之外，衣服看起來有沒有舊舊髒髒的、妝會不會化太濃……以「別人會怎麼想」的客觀角度，每天照鏡子10次以上來檢查自己的服裝儀容（其中3次以上是照全身鏡）。

17

改變說話方式讓你成為受歡迎的人

——緩衝語的基本句型

「緩衝語」指的是在傳達不讓對方產生期待或請託的事情時，以謙虛的語氣給人柔和印象的實用語句。

以下所介紹的句子很多場合都適用，希望各位都能記住。

❶請求協助

「不好意思，可以麻煩您幫我（做）～嗎？」

「很抱歉給您造成困擾，～」

「給您添麻煩了，～」

※說明　以「命令⇒疑問」的方式請求對方，感覺會比較柔和。

（例）「請再稍等一下」⇒「請您稍候片刻好嗎」

「請您迴避一下」⇒「請您迴避一下好嗎」

❷拒絕

「真的非常抱歉，～」

「由衷地感到遺憾（惶恐），～」

「無法幫上忙，真的很抱歉」

※說明　「否定⇒謙卑的說法」，給人圓滑、委婉的感覺。

（例）「辦不到」⇒「很難做到」

「恐怕有困難」

「不知道」⇒「我不太了解」

❸提問

「不好意思，有件事想請教一下，～」

「抱歉，請問～」

❹提供支援

「如果方便的話，可以讓我～嗎」

「假如可以的話，～」

※說明　用「疑問式」的說法
比較不會讓對方感到負擔且容易給予回應

（例）「我來幫忙」
⇒「讓我幫忙您好嗎」

❺不讓對方產生期待

「真是不巧，～」

「真抱歉／真對不起，～」

第2章

工作表現好又受人喜愛的人

無論是誰都想和自己喜歡的人一起工作，想幫助自己喜歡的人。如果是喜歡的人，即使對方不小心出錯也會因為「討厭不了他」而予以原諒。

相反地，若是不討人喜歡的人，當然不會讓人想和他一起工作。假如對方的身分是約聘員工或經營者，很快就會受到排擠，在公司企業等組織裡也沒有人會對這樣的人伸出援手，所以他只能默默地承受痛苦。

為了在工作上有好的表現、為了成為被他人需要的人，你必須先讓自己成為受人喜愛的人。

「人際關係」是一種基礎，雖然它在工作上是非常簡單且理所當然的事，但真正了解它的人並不多。

其實它一點都不難。

只要養成隨時站在對方的立場去思考的習慣就可以了。

首先，請試試看本章所介紹的「小小習慣」，不知不覺間你將會發現自己越來越能體會對方的感受。

請各位記住，周遭人的態度是你的明鏡。當你越靠近對方，周遭的人也會越來越靠近你。當你向別人提供協助時，你會獲得周圍更大的支持與好感。

要讓身邊的人變成敵人或朋友，全都取決於你。重視自己就是重視身邊的人。

01

「主動打招呼」會為你帶來幸運！

——問候讓彼此間的氣氛變和睦

「打招呼」是人際關係的入口，因此在日本有句話是這麼說的，「由打招呼開始，以打招呼結束」。

無論是初次見面的人、與你有隔閡的人、不是很熟的人，只要向對方親切地打聲招呼，彼此間的距離就會漸漸消失。

打招呼是基本禮儀，所以我們常認為打招呼或被打招呼是很理所當然的事。其實，很多人都不懂得如何打招呼。

請試著回想看看，你身邊是否有這樣的人？

●說話時音量小又模糊
●經常不看對方的臉說話
●臉上毫無表情，感覺很不親切
●從不主動點頭致意，或是一句話都不說，只會點頭
●老是說些簡短的口頭語，例如「早啊～」、「安安～」等

職場內如果人人都不主動打招呼，人際關係就會變得很薄弱。

打招呼並非形式上的禮儀表現，而是隱含著「今天也請多多指教」、「我想和你拉近關係」、「你今天心情好嗎？」等各種意涵的行為。這是種接受對方，也被對方接受的心情交換。

令人感覺愉悅的打招呼，會讓彼此間的氣氛變得和諧、熱絡。每天打招呼，**你的身邊就會充滿幸運的能量**。

打招呼時請記得「直視對方的雙眼」、「面帶笑容」、「保持開朗的態度」。

◇讓工作表現良好，運氣變超強的習慣◇

24 即使對方只是打過照面的人，也要主動打招呼

平時與你擦身而過的人、打掃的歐巴桑、宅配的司機先生也是如此

對於偶爾搭電梯會遇到的人，多數人的反應是簡單的點頭致意，很少人會主動向對方打招呼。不過，只要出聲問候一下，彼此間的氣氛就會完全不同。遇到打掃的歐巴桑、宅配的司機先生等任何人，只要能夠親切地打聲招呼，就會受到喜愛。主動打招呼一定會為你帶來好事。

25 早上打招呼時請試著多說一兩句話

早上最初的問候會影響你的一天

打招呼是很重要的溝通機會。因為機會難得，不如多和對方聊幾句，加深彼此間的親近感。特別是一天的開始、早晨的問候更為重要。遇到上司時就說：「您早！昨天的聚餐讓您破費了，謝謝您！那家餐廳真的很棒」；遇到前輩的話就說：「您昨天加班到很晚嗎？」像這樣主動延續對話的內容。如果想不出要說什麼，那就說些無關緊要的話題，如「今天雨停了，天氣變好了呢」、「今天路上好塞喔」。

26 打招呼時請試著叫對方的名字

每個人都喜歡聽到別人叫自己的名字

無論是誰都喜歡聽到別人叫自己的名字，所以在打招呼的前後，只要加上對方的名字，像是「田中先生，您辛苦了」，就能迅速縮短彼此間的距離。除了打招呼，與初次見面的人對話、開會或與朋友聊天時，也請盡量多叫叫對方的名字。就算一開始會覺得不太好意思，但時間久了就會習慣了。

02

對話中聽與說的比例是7：3

——對話達人＝傾聽高手

大部分的人都希望「別人了解我」，因此，當遇到願意傾聽自己說話的人時就會很喜歡對方。

當對方主動提及自己的事情時，這表示你們的人際關係正朝好的方向發展。

對話達人也就是「傾聽高手」。

優秀的業務員也是「傾聽高手」。只顧著向客戶推銷的人，會讓人心生排斥，但能夠仔細傾聽客戶說話的業務員，就能抓住對方的心、獲得信賴。

不過，光聽不說也不是件好事。因為對方會無法理解你的想法。最好的比例是「**7成聽、3成說**」（但，實際上應該是6成聽、4成說）。

要成為對話達人，最重要的就是「表現出很開心」的態度去傾聽。

對對方產生興趣，以「這個人是個怎樣的人呢」、「他和我有沒有共通點呢？」的心態去聽對方說話，對方也會覺得很開心，對話就會一直持續下去。

可是，說不定對方說的話很無趣，或是和我的想法不一樣。

即便如此也請你接受。就算你覺得「那樣的看法很奇怪」、「他說的不對吧？」也沒有必要特地說出口。只要去想「原來也有那樣的想法」就好了。

真正的「傾聽高手」、「對話達人」也就是具有包容力的人。

◇讓工作表現良好，運氣變超強的習慣◇

找出彼此最接近的共通點

●藉由共通點拉近與對方的距離

從對話中找出彼此的共通點，如「血型」、「興趣」、「嗜好」、「居住地」、「出身地」……等，從中尋找最令你感到親近、特別的共通點。如果對方是初次見面的人，這麼做很快就能拉近雙方的距離，若是經常見面的人或許會因此發展出新關係。

發掘對方特殊的部分

●先入為主的觀念、成見會讓機會遠離你

就算是看起來有點可怕的人，說不定也有溫柔的一面。即使是工作能力很差的人，也許在某方面具有出色的才能。對對方保持興趣，用「什麼事都有可能」的角度去看待對方，就能發掘出對方特殊的一面。人並沒有那麼單純，每個人都有許多不為人知的特點。

29

「今天心情如何？」「你的想法是？」了解對方的感情以產生共鳴

●透過共鳴產生連結

除了傾聽對方陳述事情的經過，也要融入表現共鳴的反應，像是「你覺得如何？」「你開心嗎？那真是太好了！」「你很難過吧，我了解」等，這樣能讓對話的內容變得更深入，特別是女性，容易因為共鳴而相互影響，建立起緊密的關係。除了私生活方面的話題，也可一起分享工作上成功的喜悅或遭遇到的困難等。

傾聽高手都會的7大訣竅

1 看著對方的雙眼，給予回應

「哦～」
「原來如此」
「嗯」
「是喔」
邊說邊點頭

2 像「鸚鵡學舌」一般重複對方的話

「我昨天休了一天假」
「是喔，你昨天休假啊」
這會讓對方感覺到你很專心在聽他說話

以認同取代否定

接話時別說「可是」，改以
「你說得對！」
「我也這麼認為」
「我懂／我了解」
「沒錯！」
的口吻來表示認同。

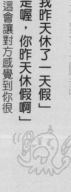

4 延伸話題內容

「結果呢？」
「然後呢？」
「後來怎麼樣了？」

主動引導對方繼續說下去

5 別問以「是」、「不是」來回答就會結束對話的問題，請用「5W1H」的方式來提問

「何時？」
「何地？」
「做什麼？」
「為什麼？」
「和誰？」
「過程如何進行？」

這樣對話比較容易延續下去

6 以稍微誇張的反應表現內心的感動

「欸？真的？」
「原來真的有那樣的事啊～」
「好～好笑！」

表情也要豐富些

欸～～!!

7 打聽「原因」

「不過，原因究竟是什麼啊？」

這個問題能讓對話內容更深入本質

受到周遭支持、表現亮眼的人的7種特徵

——成為容易受人幫助的人

在這世上有些人常受到周圍的支持，因而擁有亮眼的表現，但，有些人卻得不到任何幫助，只能默默獨自努力。

那麼，「容易受到幫助的人」是怎麼樣的人呢？

就我的想法而言，共有以下7種特徵。請各位看看是否有符合自己的項目。

□專注於自己的目標、目的，努力不懈的人
□與任何人相處都平等以對（不會讓人感覺另有所圖）
□謙虛的人
□有缺點的人（不完美的人）
□除了接受幫助，也很樂意幫助別人的人
□真心喜悅地接受他人幫助的人
□不會隨便開口要求幫助的人

你符合了幾項特徵呢？如果全部的特徵都具備，願意幫助你的人一定很多。沒有的話那就有問題囉！（笑）

真正「容易受到幫助的人」很少會主動開口要求幫助。因為，就算不那麼做，也一定會有人伸出援手相助。

被如此廣大的愛包圍著，是多麼幸福的一件事啊！

而且，之後不必再靠自己努力，所有想做的事都會逐一實現。

所以，只要讓自己具備這7種特徵，你也能成為幸運的人。

◇讓工作表現良好，運氣變超強的習慣◇

30 別說「對不起」，請說「謝謝你」

●不要拒絕他人的幫助

有些人因為對別人感到「很抱歉」所以會說「對不起」。日文中提到「對不起」的語源時有這麼一番解釋，由於「內心不平靜」而想要表示謝罪的心。但，因為對方的好意讓你感到罪惡，這可不是對方所期望見到的事。不需要去想「我也要回報對方」、「欠了對方人情」。不要感到歉疚，只要用喜悅的態度去接受對方的好意就好。

31 不是「拜託」對方，而是與對方「討論」

●透過「討論」讓對方成為你的夥伴

「討論」是「一起解決相同課題」的過程。這會讓你與對方建立起夥伴般的關係。如果是用「拜託」對方的心態，就會產生「要求⇒不得不回應」的義務感。因此還是「討論」會讓雙方感到比較輕鬆。別對對方產生太多期待，最後不但能建立良好的關係，也較容易獲得幫助。

32 道謝要分2次說

●對有恩於你的人表達無比的感謝

受到別人的幫助時，除了當場向對方說「謝謝」外，隔天見到面或打電話給對方時別忘了再次道謝，當然也可以寫張感謝信。對對方來說，就算沒有收到實質的謝禮，光是你這分「發自內心的感情之情」便已足夠。之後可再陸續告訴對方自己進步的情況，或是因對方的幫助而受益的事。

別人會為你帶來機會，所以不要隨便切斷與他人的緣分

——讓緣分變成「關係」的方法

我們這一生會遇到的人有限。

在廣大的人海中相遇、交談、分享彼此的心情……能夠遇到這樣的人，那就表示你們之間一定有「緣」。

當然，有些人我們一生中就只見過1次。就算每天在學校、公司見面而變成了好朋友，但只要環境改變了，可能會就此斷了連絡……。

如何與他人的緣分變成真正的「關係」，關鍵操之在你。

首先，請想著**「我想和你建立長遠的關係」**去接近對方。

要是沒有這份心，你和對方的「關係」就不會成立。

這種想法會反應在行動上。緣分的線如果夠粗、夠強韌，相互吸引的雙方就能建立良好的關係，即使分開了還是能保持聯繫。

◇讓工作表現良好，運氣變超強的習慣◇

33

想到就馬上連絡

●想到的時候就是最佳時機，千萬別錯過

當你想起某人時，那一瞬間，對方可能也正想到你。於是，當你連絡對方時，對方會告訴你「我正想打電話給你呢」、「我才剛想到你而已」。無法連絡是因為「覺得麻煩」、「怕對方感到奇怪」，因而打消了念頭。連絡對方是很簡單且可立即完成的事。若對方問及理由，只要回答「剛好想到你」、「想知道你最近過得好不好」即可。

34

用電話就能解決的事，與其傳電郵不如打電話

利用「直接見面＞電話＞寄發電郵」的原則來提高親近感

如果對方平常只用電子郵件連絡，不妨找個機會，在5次的電郵中打1次電話給對方。若是平常只用電話聯繫的人，可試著約對方「我們偶爾出來見個面聊聊天吧」……像這樣，比起電郵直接聽聲音，比起電話直接見面更能讓對方感到親近感，並加深對彼此的理解，所以直接的接觸也是很重要的。

35

為了「保持聯繫」，偶爾給對方一些小課題

人際關係是心情的交換

雖然主動連絡很重要，但有時為了方便連絡對方，可以出點「功課」給對方。「好想知道你家孩子的近況」、「如果你有去旅行，請說些旅行的事給我聽喔」、「要是看到不錯的書，記得告訴我唷」，像這樣給對方一些不會造成負擔的課題，讓對方記得你的存在。也可以從工作、興趣或關心的事物等共通點中找尋課題喔！

假如放任不管，緣分的線就會變得越來越細，然後斷裂。

但不可思議的是，好友、心靈伴侶、男女朋友、配偶等因強烈的「關係」而連結在一起的人，就算沒有一再提醒自己「要和對方保持聯繫」，還是會自然地靠近。當然，這樣的關係仍是必須好好維護的。

與他人的緣分，會改變你的人生。

人因他人而成長，因他人而受到支持，因他人而獲得機會。沒有一件事可以單靠一個人的力量來完成。

為了避免緣分的線變細、斷裂，請小心溫柔地保護它。

別與他人為敵，建立友好關係

——人際關係是工作上的保護網

工作上常感到遭遇瓶頸、壓力過大的人的特徵是，經常獨自攬下太多的工作或問題。

那是因為不信任他人，所以只好自己拼命努力所致。

以「個人」或「團體」的觀點來面對工作，在心情、工作方式及人際關係上都會產生很大的差異。

若是前者，因為只將焦點放在自己的事情上，所以會很努力去完成被交付的義務。但，這樣卻也容易陷入「只要做好我該做的事就好」、「有達到成果就好」的個人主義中。

如果這樣的心態變強烈，工作上就會受到打壓、排擠，人際關係也會變得很緊張。

若是後者，基於互助的精神，除了會主動提供他人協助，也會獲得旁人的

◇讓工作表現良好，運氣變超強的習慣◇

在對話中多說幾次「我們」

●透過「我們」二字強調彼此的友好關係

「我們表現得比上次更好了」、「我們這個部門的團隊合作很棒」等像這樣在對方面前多說幾次「我們」。如果有一起合作的工作，請表現積極參與的態度。彼此共享成就感，更能提升友好關係。產生共鳴、聊聊共通點也是不錯的方法。但，不要和對方一起說別人的壞話。

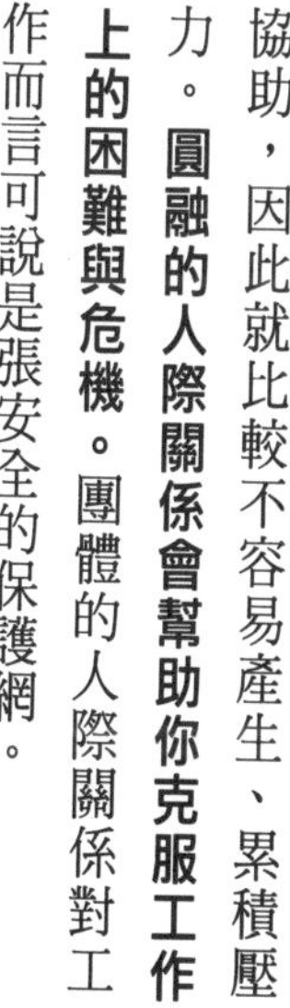

37

每天與對方閒聊1次

●「聊天」會為你創造圓融的人際關係

雖然公司是工作的場所，但同事之間只聊公事實在很無趣，也顯得很冷淡。利用午餐或休息時間聊些無謂的瑣事，像是「你家的貓咪小黑最近好不好？」「最近車站前開了家新的雜貨用品店喔」等可以促進你與同事的關係。對於工作上也會產生好的影響。

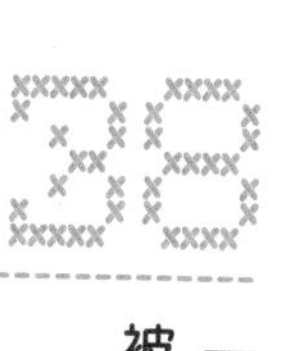

38

「多虧有○○先生／小姐的幫忙」，被稱讚時要提及對方的名字

●感謝的心是人際關係的潤滑油

「你做得很好喔」、「謝謝！這都多虧了S先生／小姐的幫忙」，像這樣特意提及某人或幫助過自己的人的名字，表現出你並沒有把功勞都攬在自己身上。休假或提早下班時，只要說聲「謝謝你的幫忙，讓我可以休假／提早下班」，就能讓對方感到心情愉快。

協助，因此就比較不容易產生、累積壓力。**圓融的人際關係會幫助你克服工作上的困難與危機。**團體的人際關係對工作而言可說是張安全的保護網。

不過，不能因此而有「依賴」的心態。

各自確實做好自己分內的事是基本前提，這麼一來，彼此間就會建立起「交給對方就沒問題」的信賴關係，在工作分配上就能發揮良好的效果，這才是最棒的團隊合作。

公司或團體是針對相同目標齊心努力的「夥伴」。

所以，請別讓自己與他人成為敵對的關係。

06

「先發制人！」與上司的相處之道

——如何應付無能的上司、難纏的上司、囉嗦的上司

職場內最多的煩惱就是與上司、同事或部下間的人際關係，當中又以具影響力的上司最令人感到困擾。

「不工作」、「老是亂發脾氣唸不停」、「性騷擾」、「總是將責任推給部下」、「給部下的考績不公正」、「不承認自己的錯誤」、「不願意聽別人說話」、「情緒善變」等。

對對對，沒錯。這樣的人真的到處都有。

首先，請各位諒解，上司也是有缺點的。

「因為是上司所以無法容忍」，即使有這樣的想法，但既然要一起工作，那就看開一點好好與對方相處。

反正每天都會見到面，這是無法避免的事，那麼與其帶著厭惡的心去與對方互動，不如坦然接受對方的缺點。

大部分問題的原因在於「溝通不足」。

「逃避」或「被動」的態度並無法讓情況好轉。

請積極地與對方對話。在理解對方的想法、行動後達到「先發制人」。

主動**先**打招呼、**在對方開口前**先報告・連絡・提問、**先**做好對方會交待的事、掌握上司的個性，**預先了解他的想法**，預備好對策。只要做到這些，在跟令你感到很困擾的上司間相處時磨擦就會愈形減少。

◇人際關係上的各種煩惱◇

話題變成在說某人的壞話時怎麼辦？

雖然要避免說別人的壞話，但如果你告訴對方「不要說別人的壞話啦」，反而會讓氣氛變得很尷尬。所以只要說「哦？這樣啊」稍微表現出有在聽的感覺，然後再趁機改變話題。另外也可用輕鬆幽默的口氣回應對方，如「部長還真是個麻煩人物」，或從對方的話中插入自己的事，如「我好像也和A先生／小姐犯過同樣的錯」。切記，千萬別說「對啊」這種話來附和對方。以免之後被說成「○○○（＝你）也是這樣說的喔」。

如何從「派系」中脫身？

無論是哪個派系都不要參加。也許你會感到不安，但只要加入某個派系就等於是為自己增加敵人，這樣反而更麻煩。不要被是非流言所影響，告訴自己「公司就是工作的地方」，將注意力都放在工作上。對任何人都表現出一視同仁的態度，這樣自然就不會有人拉你進某個「派系」。即便是因為所屬「派系」而作風強勢的人，當你以「個人」對「個人」的心態去面對他，還是可以建立良好的關係。

遇到老是找碴的前輩時，該如何應對？

如果一直默默忍受，對方的態度可能會更囂張，要是對方的要求你真的辦不到，那就直接告訴他「對不起！這次的事我有困難」。為了避免引發不必要的爭吵，千萬不要做出生氣、賭氣的反應。也可用請教的口吻問對方「我很想和前輩變成好朋友，請問我該怎麼做才好？」遇到打招呼或道謝等情況，該放低身段的時候就要放低。時間久了一定會有讓你們關係變好的契機出現，如果真的覺得受不了，找同事或上司商量也是個不錯的方法。

07

讓任何上司都願意支持你的7種行動

——受到重視的人會做的事

Manner 1

表示出在工作上的尊敬

無論是怎樣的上司都一定會有值得人尊敬的地方。居於上位、比你更了解公司的事……光是這樣就很令人尊敬。不要感到不好意思，試著對上司說「您真的很厲害」、「我很尊敬您」。

Manner 2

儘早尋求幫助，踴躍提問

遇到困難時別想著要自己解決，立刻向上司尋求協助。這會讓上司覺得「你很信賴他」，進而成為你強力的支援。此外，積極地提問，表現出你的幹勁。「尋求幫助＋提問」可以增加你與上司間的溝通機會。

Manner 3

避免輕率的言行舉止

有時不經思考就脫口而出的話或缺乏理性的回話會觸怒上司，造成無法挽回的局面。「這句話說了沒關係嗎？」要是有這樣的想法就最好不要說出口。特別是語帶責難、觸及對方弱點的話，千萬別說。

Manner 4 了解上司的價值觀、性格

他最重視的是什麼？只要了解上司的價值觀，你就會知道他評斷事物的基準為何。另外，解讀上司的性格與行為模式，有助於理解他的工作方式。想要達成良好的互動，充分了解對方的個性很重要。

Manner 5 虛心接受上司的指責或建議

受到責罵時，若是自己也有不對的地方，即使是一點的小失誤也不要說出任何藉口或加以反駁。對於上司的建議請虛心接受並說「感謝您的指教」。能夠坦率接受別人心意的人就可以很快速的進步。

Manner 6 積極表達自己的意見

就算是上司，也不表示你要對他言聽計從。「這麼做會不會比較好」、「我的想法是這樣」就像這樣積極地表達你的意見。越踴躍表示意見的人上司越喜歡，也更信賴。

Manner 7 最後都會服從上司的意見

即使雙方的意見對立，讓你無法認同，但在組織當中，「服從上司」是基本原則。最後能夠拋開個人情感，全力支持上司意見的人一定會受到重視。

08 透過「Win‧Win」讓對方成為你的夥伴！

——以達成「雙贏」為目標

在商場上，對立的關係很常見。例如，2個人同時爭奪某個職位或工作、意見或企劃產生對立、引起紛爭等。「使兩者同時受利、受惠，達到雙贏的和諧局面」就是「Win‧Win」。

出現對立時會發展出以下4種關係。

1 「Win‧Lose」的關係
……自己滿足，對方不滿足

2 「Lose‧Win」的關係
……自己不滿足，對方滿足

3 「Lose‧Lose」的關係
……自己與對方都不滿足（雙輸）

4 「Win‧Win」的關係
……自己與對方都滿足

尋求「Win‧Win解決方案」的方法

1 仔細傾聽對方的話，理解「對方的需求」
2 明確表達自己的需求
3 從1、2中找出雙方都「OK！」的方法
※重新檢視根本的原因、前提，創造出新的發想方案
4 協助、實行
5 回顧。若有需要改善的部分就進行變更

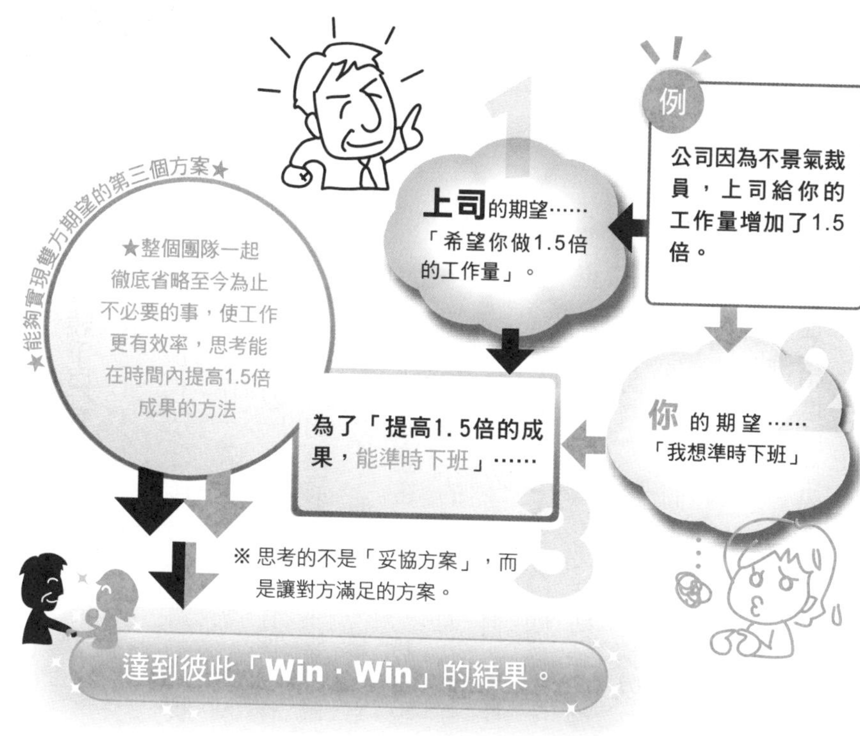
例
公司因為不景氣裁員，上司給你的工作量增加了1.5倍。
上司的期望……
「希望你做1.5倍的工作量」。
你的期望……
「我想準時下班」
為了「提高1.5倍的成果，能準時下班」……
★能夠實現雙方期望的第三個方案★
★整個團隊一起徹底省略至今為止不必要的事，使工作更有效率，思考能在時間內提高1.5倍成果的方法
※思考的不是「妥協方案」，而是讓對方滿足的方案。
達到彼此「Win・Win」的結果。

在第1種關係中，就算自己獲得滿足，但內心會有罪惡感，對方也會不滿，結果並不好。在第2種關係中，儘管對方很開心，自己卻不滿足，所以很無趣。在第3種關係中，不用說，若雙方都堅持要達成自己的要求，到最後就只會兩敗俱傷，落得雙輸的下場，這種情況很常見。有時過程中甚至會變成「漁翁得利」，反而滿足了其他人。

因此，最好的還是第4種的「Win・Win」關係。**彼此一起朝著相同的目標前進，從對立的關係變成同伴的關係。**

這適用於所有的人際關係。如果其中一方無法接受結果，則關係就不會持續。只要提供對對方有利的事，自己也會發生好事……這是很常有的事。

09

與男性共事時的完美應對法

——沒有競爭只有互助的秘訣

「工作上不分男女」，沒錯，確實如此。說到工作，就要超越性別，只關注「工作的能力」。然而，男性與女性的特性卻有很大的差異。女性主宰「感情」的右腦較發達，而男性則是主宰「思考」的左腦較發達，所以一般常說男性比較擅長邏輯性的思考。而女性在一定的時間內可同時思考多種事情，男性卻只能專注在一件事上。在人際關係上，女性重視的是「共鳴」，男性則是「尊敬」、「相互認同」。因此，男性與女性對於工作的著眼點不同，應對方式也各有差異。即使一再強調「工作上不分男女」，但彼此是「異性」卻也是事實。

與男性相處的重點就是，視對方為「能幹的男人」。就算你心裡不那麼認為，也請試著這麼想。

為了回應對方的期待，所以會展現優秀的一面而努力不懈，這就是男性。假如這麼期待他們的對象是女性，他們又會更拼命。

「真不愧是〇〇！」

像這樣大大稱讚他們，讓他們感到很有面子。絕對不要表現出與男性競爭到底的態度，因為強烈的鬥爭心、競爭心也是男性的特徵。

此外，由於思考方式的不同，「就算不說也能了解」這一點並不適用於男性，請各位一定要記住。

◇讓工作表現良好，運氣變超強的習慣◇

39 稱讚對方自己沒有的優點

●表示對男性的尊敬

邏輯性的思考方式、廣闊的解讀觀點、優秀的數字概念、體力強健、毅力堅定等，找出「自身沒有」或「無法比擬」的優點，向對方表示尊敬。

這麼做會讓男性主動提供幫助。為了相互協助達成課題，因而男性與女性會各自擁有不同的特徵。

40 「體貼」地給予協助

●讓你獲得男性的尊敬

男性對女性感到最尊敬的事就是，「體貼」與「細心」。這是女性的特性。以溫柔、不經意的態度去處理男性所忽略的事，會讓男性對你的印象大加分。道謝分2次說、遇到困難時主動詢問「你有什麼煩惱嗎？」等，即便只是這些微不足道的小事，男性都會對你感到尊敬與感激。

41 明確地告訴對方「你希望怎麼做」

●先從結論開始

男性總是想要如實地回應對方的命令或期待。習慣邏輯思考的男性想聽到的不是「先怎麼做再怎麼做，最後才提到結論・請求」，而是一開始就先說「我希望你怎麼做」提出明確的結論・請求。因此，請將你的期望具體化並加上理由後告訴對方。只要是合乎道理且能夠被對方接納的事，男性馬上就會想要提供協助。

10

讓「討厭鬼」變成「好人」
——透過應對方式改變雙方的關係

「我實在有點怕他」

「為什麼只對我表現冷淡」

「沒必要把話說得那麼難聽吧」

老是和人唱反調、什麼都看不順眼……很多職場內都有這樣的人。如果可以，最好避而遠之，但一直逃避只會累積壓力，對工作毫無幫助。就算不想和這種人成為好朋友，但至少希望和對方相處時心裡不會感到有負擔。

因此，認清事實（看開一切），告訴自己「他/她就是那樣的人」。

人的個性不會改變。

但，你的應對方式可以改變與對方的關係。

人的個性就像一顆「球」，有好的一面，也有壞的一面。從不同的面去接觸一個人，他可以是好人也可以是壞人。

那麼就先尋找讓對方變成「好人」的那一面吧！

在與對方相處的過程中你會慢慢發現如何應對才是最好的方式。

此外，即使是「討厭的人」也可以試著把對方當成「好人」來相處。

對方的態度是反映你內心的鏡子。只要你將對方當成「好人」看待，他自然會變成「好人」，若將對方視為「討厭的人」加以躲避、反擊，他就會變得越來越「討厭」。你的態度會決定對方的好壞與否。

圖說 1「人的性格」

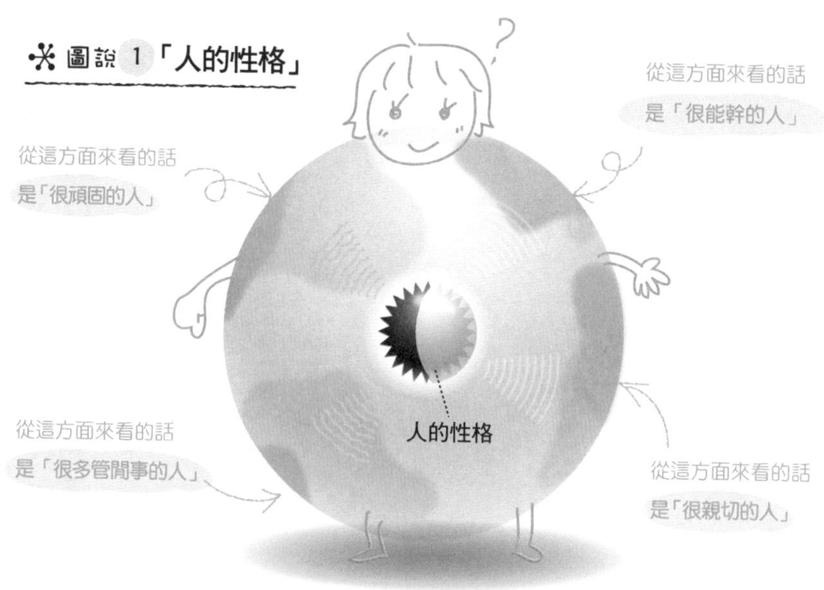
從這方面來看的話
是「很頑固的人」
從這方面來看的話
是「很能幹的人」
人的性格
從這方面來看的話
是「很多管閒事的人」
從這方面來看的話
是「很親切的人」

圖說 2 想要「回應對方期待」的心理

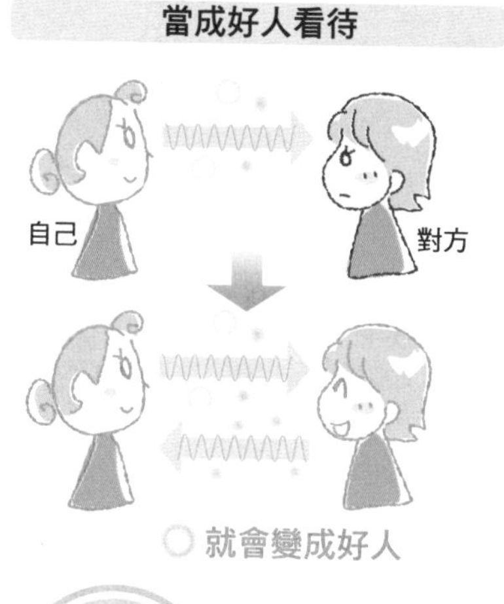
當成好人看待
自己
對方
就會變成好人

當成討厭的人看待

就會變成討厭的人

讓對方成為你心中「好人」的3步驟

1 基本上如果對方沒有改變，那就「認清事實」
2 接著找出讓對方變「好人」的特性
3 相處時經常將對方當成「好人」

變成你心中的「好人」！

與自己不擅相處的人建立良好互動的10個方法

mission 1
找出一個可以說服自己的部分

■找出一個你能夠接受對方的部分。當關係變不好時，你就可以說服自己「欸，算了。雖然A做事很敷衍，但他的個性倒是挺隨和的」。

mission 2
找尋讓對方笑的點

■一旦知道對方的笑點，你就占了上風。偶爾利用對方的笑點逗他笑。漸漸地，他面對你時就自然會面帶笑容。

HER SMILE is dazzling.

mission 3
試著自曝弱點或失敗的經驗

■向對方坦誠以對，表現出你沒有任何敵意。但，有時這也會成為你的絆腳石，所以不要顯現出你真正的弱點，曝露幾個有趣的弱點就好。

I've got to talk to you.

mission 4
找出一個彼此的共通點或產生共鳴的部分

■無論對方是怎樣的人，你們一定會有共通點或產生相同感受的部分。只要彼此了解了那一點，關係就會出現改變。若是特別的共通點，變化會更大、更明顯。

You and I have a lot in common.

mission 5
試著找問題與對方討論

■透過討論、商量事情，對方會覺得你把他當成夥伴。就算不是很重要的事，經過一起討論、獲得解決後，記得要好好感謝對方，告訴他「多虧有○○先生／小姐的幫忙！」

mission 6

越是感到棘手的人，越要露出燦爛的笑容

■如果心裡想著「真討厭～」，臉上就會忍不住露出厭惡的表情。所以要提醒自己，用笑容去面對對方，因為也許對方在看到你的反應後會感到很沮喪，所以最好隨時都要有變身演員的能耐。

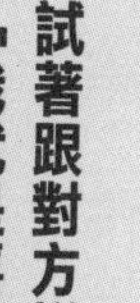

mission 7

試著跟對方說「我就是喜歡這樣的你」

■即使心裡不這麼想，奇妙的是，說出口後你會驚覺心情真的變好了。透過語言會讓你產生真的喜歡對方的感覺。如果發現對方的優點，請積極地告訴對方。

mission 8

為對方取個可愛的綽號

■「熱血小子」、「○○星人」、「火爆大王」等悄悄在心裡為對方取個貼切的綽號吧！但聽起來不能是惡意批評，而是要帶著喜歡對方的感覺。

I give a nickname to you

mission 9

想像對方小時候的樣子

■每個人都有小時候，這麼想就覺得很有趣。「小時候的他是個怎樣的小孩呢」、「有被欺負過嗎」、「是不是壞小孩」，像這樣隨意地想像對方的孩童時期，你就能慢慢地接受對方。

CHILDHOOD

Let's put the past behind us.

mission 10

捨棄「過去」的芥蒂

■將對方過去令你感到厭惡的一切全部忘記。「那個人以前對我說過那樣的話」回想那些不愉快的事只會汙染你的心。如果一直在意過去的事，你和對方的未來就沒有改變的機會。

111

成為無論何時都能「暢所欲言」的人

——向對方清楚傳達難以啟口之事的訣竅

如果是難以啟口的事，最好不要說。考慮到對方的心情後會變得很難說出口。雖然是想告訴對方「我希望你這麼做」，但想到說出口後可能會被拒絕，又開始猶豫不決……這樣的經驗我想各位可能都有過吧！

可是，工作上一定會遇到非說不可的情況，例如必須給對方忠告、必須報告不好的消息、必須傳達難以啟口的要求、想要詢問薪水、費用等關於金錢的事……等各種事項。

而且，**難以啟口的事多半是「很重要的事」**。

所以，不需要思考太多，請充滿自信並坦率地告訴對方。不必拐彎抹角地說什麼開場白或藉口，只要說得簡單易懂且不會造成誤會就好。

因為是工作，沒必要搞得太嚴重。

◇讓工作表現良好，運氣變超強的習慣◇

42

說難以啟齒的事時，請習慣「面帶微笑・坦率直接」

●基本上只要笑就能化解尷尬

開會或與人對話時若一直保持微笑・坦率直接的態度，就算是難以啟齒的事也能輕鬆以對。在大部分的情況下要很積極地告訴對方「就是這麼一回事，請多多指教（麻煩您了）」。之後就不要再去多想。

說難以啟齒的事時，別忘了向對方說句表示體貼的話

●要考慮對方的立場

不要單方面地強迫對方接受你的立場、想法，告訴對方「我知道你也很辛苦」、「我很感謝你」之類的話，表現出理解對方的態度。這麼一來，對方就會坦然接受你說的話。但，太顧慮對方的話，反而無法坦率表達，所以請適可而止就好。

94

若是難以啟齒的事，盡可能直接告訴本人

●不要透過電郵或第三者，請直接口頭告知

有時雖會覺得利用電子郵件較易說出難以啟齒的事，但還是口頭傳達較有誠意。之後為避免產生「說了、沒說」的糾紛，最好能再寄封電郵。此外，盡量避免透過第三者轉達。因為多了轉述者，內容就會變得更複雜，所以盡可能還是直接告知。

鑽牛角尖、過於偏頗的說法只會讓氣氛變沉重，使事態變得更糟糕。錯過說的時機，反而變得更難啟齒。說之前請先告訴自己，說完後就算被對方討厭那也是「沒辦法的事」。

即使對方聽了你的話之後表情有所改變，也請保持「沒辦法啦」的心態繼續說下去（要是狀況不算嚴重也可主動提供協助）。

然後以平和的口氣說「我是為了我們彼此、為了工作才這麼說」，展現積極的誠意。如果語氣中帶著敵對、輕蔑等否定的情緒，對方聽了當然無法坦然接受。

其實，「被說什麼」不重要，「被誰說」才是重點。因此，最重要的也許就是平時彼此間要建立信賴的關係。

12

「不知如何提醒部下或後輩」時的7種方法

——讓對方坦然接受自己意見的重點

「怎麼啦？」聽聽對方的說法

不要突如其來地提醒對方，而是用「疑問」的口吻帶入主題，如「怎麼啦？這樣很不像你喔」，聽聽對方的說法。朝對方靠近一點，對方也會變得坦率些。

不要說「這裡不對」而是說「這樣的話會比較好」

與其否定對方，不如先予以肯定，「稱讚」後再用建議的方式告訴對方「如果，再這樣做的話會更好」，對方聽了也比較容易接受。最後再補上一句「我很期待你的表現喔」之類表示肯定的話語。

不要用「你」改用第一人稱的「我」來傳達自己的意思

別指責對方「你為什麼沒向我報告」，而是說「我很希望聽到你的報告」，將主語改成「我」，讓對方知道「你期望他怎麼做」也很重要。

4 別說「加油吧」，請和對方一起思考

「加油吧」這句話有時會給人冷淡的感覺，「我們一起想吧」的態度會讓對方對你產生信賴感，更想積極往前邁進。

「你覺得怎麼做比較好？」試著讓對方找出答案

理解了對方的失誤或無法完成事情的原因後，告訴對方「那麼，你打算怎麼做？」試著讓對方去思考答案。如果是自己的想法而非別人強加於己的意見，本人就會努力去想辦法達成。

利用幽默感包容對方的失誤

若不是很嚴重的問題不妨輕鬆以對，唸唸對方「你這個傻瓜」、「真是的，我生氣囉」等以幽默感包容對方，緩和彼此間的氣氛，這麼做對方也會覺得鬆了一口氣。

對於對方可能會出現的失敗，事先打好預防針

在發生失誤前，假如察覺到對方可能會有引起失誤的舉動，先做好預防告訴對方「我知道你沒問題，不過還是小心點」。但，要注意的是，過度的提醒反而會讓對方失去主見。

13

「稱讚的話語」具有帶給人活力的魔力

——無論是誰，只要受到稱讚都會充滿幹勁

「多稱讚老婆，她就會對你百依百順。多捧老公幾句，他就會更努力賺錢。」

這句話出自於永六輔（譯註：本名永笑雄，身兼腳本作家、藝人、作詞家、散文作家等多種身分）。其實「捧老公」和「稱讚」很相似。

不光是夫妻，朋友、上司與下屬、同事間等各種人際關係的本質都脫離不了這句話。

無論是誰，一定都很喜歡稱讚自己的人。當自己的價值受到肯定，你也會認同對方、重視對方。

獲得稱讚會使人充滿幹勁、鬥志高昂。

★「稱讚高手」必備的

「讚美8大技巧」

Technique!

1 稱讚理所當然的事

越是做著「理所當然的事」的人越值得尊敬。回電迅速、守時、從不缺勤……這些都很值得人稱讚。對努力的人來說，讚美就是一種慰勞。

2 多多稱讚相同的事

如果真的覺得很棒，那就多讚美幾次。對方不會因為一直受到稱讚而心生不悅。反覆稱讚對方時若加上幾句帶有期待的話語，像是「如果是你一定可以！」就會產生暗示的效果，達到實際的成果。

3 稱讚「過程」而非「成果」

想等成果出現後再稱讚，卻很難找到適當的機會。「你真的很努力」、「那個方法很棒喔」像這樣在過程中找尋好的部分給予稱讚。

4 直接稱讚本人，而不是其身上的物品

讚美對方時不要說「那個包包真好看」之類的話，請直接對本人說「好想像○○先生／小姐一樣有品味」、「那和△△先生／小姐的個性很合」這樣的話，效果會更好。

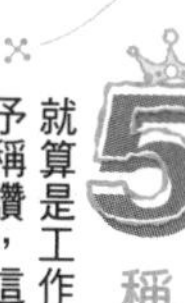

稱讚對手

就算是工作上的對手也能給予稱讚，這才是稱讚高手。坦率地認同對方的努力或對方有自己卻沒有的優點，將對方視為好的競爭對手。

6 在本人不在場的時候給予稱讚

偶爾可以試著在與別人的談話中稱讚對方。當對方聽到第三者轉述「□□先生／小姐很誇獎你喔」，心情會變得更好。

7 針對重點予以稱讚

比起「你的報告寫得很好唷」這樣的話，「你在報告裡放了圖表，看起來更簡單易懂，你很會使用電腦呢」的說法會更有說服力。

「我覺得～」以第一人稱來稱讚

「我喜歡你認真工作的態度」、「我覺得你這一點很棒」像這樣用「我覺得～」的口氣來稱讚對方，對方會覺得特別受到重視。

※千萬不要用與他人比較的方式來給予讚美。「你做得最棒」倒還無妨，「和A相比，你比較好」像這樣貶低A的說法，對方聽了並不會感到開心，而且可能還因為被比較而使對方與A的關係惡化。

任何人只要被稱讚就會有進步。「你一定沒問題」聽到這樣的話，內心會受到激勵；「你做得很好喔」被這麼稱讚，就會積極朝下一個目標邁進。「稱讚的話語」會帶給我們面對工作的勇氣，具有促使我們努力向前的魔力。

因此，請多找出對方的優點並大力地給予讚美。無論是多小的事，只要常說就會養成習慣。重點在於，要先找尋對方的「優點」，**否則即使想稱讚對方，也找不到值得稱讚之處**。若能稱讚對方連他自己也沒有察覺到的優點，或乍看之下以為是缺點的事，就算得上是高明的「稱讚高手」。

能夠找出對方的優點並加以運用的「稱讚高手」真的是個很「幸運的人」。

14

成為拒絕達人，對自己好一點

——想要變幸運，就要重視自己

「好累喔，今天我要早點下班，回家好好休息」正當你這麼想的時候，上司卻告訴你「今天可以請你留下來加班嗎？」還真是晴天霹靂。

結果，因為無法拒絕只好勉為其難地答應，相信這是不少人都有過的經驗。前輩或同事硬把工作丟給你，所以你老是一個人做一堆工作……這樣的情況也很常見。

無法拒絕別人的人，也可以說是對每個人都很和善的人。

對方是不是很困擾？對方會怎麼想？因為顧慮太多，所以無法拒絕……。但，既然對別人那麼體貼，為什麼不對自己好一點？像這樣「只要我忍耐一點……」的「自我犧牲」心態如果過了頭就會造成壓力，最後反而會變成「為什麼都是我」、「我都已經這麼努力了卻還……」的怨恨情緒。

為了成為「幸運的人」，你要好好重視自己。

有時必須視情況拒絕對方。

雙方都認同。不造成尷尬的「具附加條件的接受法」

1 日期時間的變更：「明天的話就沒問題」

◇回絕聚餐、午餐等邀約的方法◇

- 「抱歉！我今天有點事，我們改天再約好嗎」
- 「中午我還有工作要處理，今天就不去了」

不必想得太難，以「開朗」、「輕鬆」的口氣告訴對方並加上理由即可。雖然為了不傷害對方可以說些善意的謊言，但像「我沒錢」、「家人生病了」這類會讓對方擔心的謊言最好別說，同時也別忘了向對方表示感謝，說聲「謝謝你邀請我！」之類的話。

不過，要是對方一直死纏爛打，那就用委婉的口氣告訴對方「下班後我想早點回家」。

2 時間的延長：
「可能要花點時間，沒關係嗎？」

3 部分接受：
「我可以做到這個部分」

4 交換條件：
「那麼，可以麻煩你幫我做這件事嗎？」
（對提出請求的同事這麼說）

5 與對方討論：
「哪個工作要先處理？」

首先，當對方提出請求時，你要判斷是否為可以拒絕的狀況。

假如是上司的命令、緊急情況或重要的事項，當然就只能接受。

但，如果是別人也能處理的狀況，那就乾脆地拒絕。不過，態度要保持開朗、積極。

「真的很抱歉，我今天要去上課，明天的話就沒問題」

回絕時連帶附上對方可以接受的理由。有時為了讓對方接受，偶爾撒個小謊也沒關係。

要是不知道該怎麼回絕對方，請參考下頁的流程圖。

15

「拒絕達人的秘訣」
——保持積極的想法，提出有條件的提案

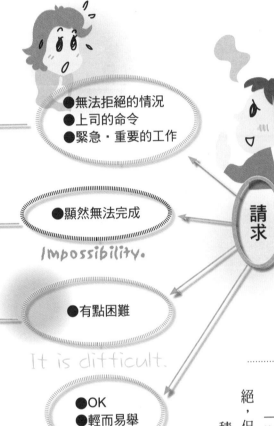

「拒絕」的最大前提是，能否拒絕的立場。如果是上司的命令等無法拒絕的情況，那就只好接受。在組織當中，若是在可以拒絕範圍內的請求，就不要用自己的私人感情來決定「想不想做」，而是以「能不能做」的實際可能性、自己的容許範圍來做判斷。

「顯然無法完成」的工作就立刻拒絕，但假如是「有點困難」的工作則先積極思考可行的方法。**比起「直接拒絕」，「有條件的提議」才是「拒絕達人」的秘訣**。要是時間拖太久讓對方產生期待，之後就會讓對方感到失望或造成困擾，因此最好盡早做出決定。

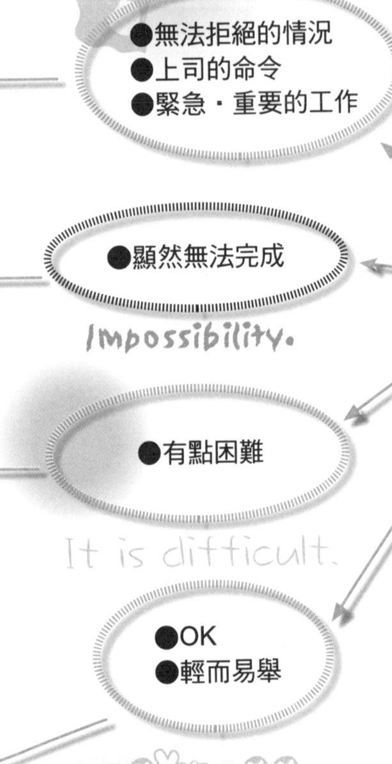

I UNDERTAKES IT.
●心情愉悅地接受
●立刻拒絕
I'm sorry,
I cannot do.
●提出有條件
的提議
Conditional
●「看樣子，還是
有點困難……」
●思考可行
的方法
●「應該沒問題」
●心情愉悅地接受
I UNDERTAKES IT。

第3章

千萬別錯過。運氣好的人的行動

工作的基本就是「先」下手為強

有些人總是有做不完的工作，整天過得很忙碌，但有些人卻能夠掌握要領，快速地完成工作、為自己帶來幸運。

為什麼會有這樣的差異呢？原因就出在工作態度上的「被動」與「主動」。

做任何事總是落後的「被動者」，只會先處理被交付的工作，一旦遇到問題才開始想該如何解決，因此會花費許多時間而經常處於應付不了工作，無法放鬆的狀態。

至於行動上經常搶先一步的「主動者」，因為會先預測可能被提醒或發生的問題並做好應對，所以不容易出錯，也不會有耗費時間的情況。提前再提前，在工作上總是領先一步，態度才能從容不迫。

那麼，怎麼做才能成為主動者呢？

很簡單，只要模仿主動者的行動就可以了。

參考你身邊那些做事迅速俐落的人，學習他們的行動，也可參考下一頁關於被動者及主動者的行為比較，試著改變一下你的習慣。

當你學著成為主動者的時候，你會發現不知不覺間應付不來的工作變少了，工作效率也提高許多。

與其被工作耍得團團轉，不如讓自己變成操控工作的「主動者」吧！

成為強運的「搶先主動者」

——與運氣差的「落後被動者」有著明顯的差異

主動者

工作態度消極，覺得工作不快樂 ⇔ 工作態度積極，對工作樂在其中

老是把「好忙、好忙」掛嘴邊，心情總是無法放鬆，沒有多餘的心力去關心他人 ⇔ 因為討厭忙碌，因此絕對不會說「很忙」這樣的話。態度從容，對他人也很體貼

總是拖到緊要關頭才開始工作，為了趕在最後期限前完成工作，成果通常很隨便 ⇔ 以從容不迫的態度進行工作，總在期限前提早完成，成果也很完美

因為沒考慮接下來的工作，所以使用過的資料或文具用品都沒有整理。因此，找東西時要花上不少時間 ⇔ 為了之後的工作會先整理好資料與文具用品，所以找東西時不會浪費時間

工作上經常遇到阻礙、失誤連連，一件事總要兩、三次才能完成 ⇔ 工作前已預測可能發生的事，所以幾乎不會出錯

不了解上司的性格、期望，老是在修正錯誤、無法受到認同，因此鬥志也很低 ⇔ 掌握上司的性格，工作成果超乎上司的期望，因而獲得認同。鬥志很高昂

提案時因為沒有考慮到周圍的反應，所以常被反對、打回票 ⇔ 預測過周圍的反應後，事先做好交涉，因此提案常會順利通過

「今天又得加班了吧」對下班時間毫不在乎，所以老在加班

⇔

「今天一定要準時下班！」對時間具有強烈的掌控意志，並且說到做到

對自己未來的願景一無所知，感到不安

⇔

很了解自己的下一步是什麼，充滿活力地朝那個方向前進

對於提不起勁的工作會一再拖延，卻又因為擔心而產生壓力

⇔

對工作沒有好惡之分，「馬上就做」是基本原則。因為很少有沒做的工作，所以不會有壓力

不會花時間去規劃步驟，但工作時常得另外花時間應付每個環節必要的事，所以反而浪費時間

⇔

事前先花時間規劃好步驟，因為工作進行得很順利，最後反而能節省時間

搶先主動者

因為要趕在最後期限前完成工作，所以一次只能做一件事，無法處理手邊其他的工作

⇔

時間充裕，可同時有效率地進行多項工作

無法控制自己的工作時間，不知道何時才能完成

⇔

能夠掌握每項工作所需的時間，故可擬定具體的計畫，如「我要在2小時內做完這件事」

經常很晚下班，睡眠時間不足，工作時總是感到很疲倦，工作效率很差

⇔

回到家時間還很早，睡眠充足。工作時總是很有精神，可發揮專注力

很少花時間學習新事物或收集情報

⇔

積極於自我投資，主動學習有助於工作方面的事或收集情報，願意花時間與金錢讓自己更有內涵

即使訂下時間表，遇到突發狀況就會亂了手腳，無法照計畫進行

⇔

規劃時間安排時會先做好突發狀況的預設，因此總是能照計畫進行

認為私人的時間就是「工作剩下的時間」，所以很少做妥善的安排

⇔

認為私人的時間與「工作一樣重要」，透過興趣、與人見面讓自己過得很充實

01 成為「馬上就做的人」，為自己招來幸運

——別再「拖拖拉拉」，養成「馬上就做」的習慣

工作能幹運氣又好的人，大部分都是「馬上就做」的人。

若需要打電話，當下立刻打；有想調查的事，馬上去調查；面對麻煩的事立即展開行動。總是以「很簡單」、「馬上就能做好」的態度輕鬆面對工作。

另一方面，大多數工作表現差、沒有要領的人經常因為「好麻煩喔」、「真不想做」、「等一下啦」的心態而「一再拖延」。這樣的人即使面對很簡單的工作也常會把事情想得太困難。然後陷入了累積一堆事沒做，搞得自己很慌張的窘狀。因此，**我們必須將「拖拖拉拉」的習慣變成「馬上就做」**。反正工作擱在那兒早晚都要做。要是不做，心裡會一直有個疙瘩在，或是不小心就忘了，無論如何都不是件好事。既然如此，趕快做完不是比較好嗎？

「想到的時候就是最佳時機」。展開行動的同時，新的機會也將來臨。

不過，有時將工作暫擱一旁也有好處。那就是以下這3種情況。

1 **如果狀況改變，可能就不需要做了**
2 **必須觀察時機**
3 **必須有明確的步驟**

如果發生必須做的事且非以上3種情況，請儘快著手處理。養成「馬上就做」的習慣，你的工作效率將會大大提升，心情也會變得輕鬆自在。

◇讓工作表現良好，運氣變超強的習慣◇

45

工作的優先度不是「個人喜好」而是「重要度」

●「不管喜歡還是討厭，工作就是工作」

多數做事拖延的人，常會用「喜歡．討厭」來評估工作，因而無法立刻展開行動。但「工作就是工作」，與個人的喜好無關。若要排列工作的優先順序，應該以「重要度」來做判斷。「現在，我應該做什麼？」從這個角度去思考，馬上就會得到答案。

46

5分鐘內可以完成的工作「馬上就做」

●自己決定「馬上就做」的工作要花多少時間

對於花時間的工作，如果堅持「馬上就做」，可能會因此耽誤不少時間，反而讓重要的工作或預定好的工作無法完成，所以，請先決定好能在5分鐘內（或10分鐘內）完成的工作才是「馬上就做」的工作，例如影印等簡單的指示對應、打電話、寄送資料等可在一定時間內完成的事就要立即處理。

47

如果是無法馬上完成的狀態，「先等一下再馬上做」

●先記下來，等狀態允許後「馬上就做」

有時我們會遇到無法在5分鐘內完成的事項，如必須集中精神完成的工作，緊急進行中的工作、開會時間延長等。這時候，先寫在便條紙上並貼在醒目的地方，待手邊的事告一段落後立刻進行處理。最重要的是，盡可能不要留下保留事項。當天發生的「ＴＯ ＤＯ」在當天內完成是基本原則。

02

大幅提升工作效率的辦公桌擺設重點

——乾淨整齊的辦公桌會帶來好運

假如你是家小商店的老闆，辦公桌就是你做生意、賺錢的神聖場所。若想「工作表現好！」首先就必須整理好環境。

廚藝精湛的廚師都會仔細整理廚具，將做菜的地方打掃乾淨。

骯髒凌亂的廚房無法做出美味的料理，因為做菜時為了找工具就得浪費不少時間，狹窄的空間讓做菜變得很不方便。

同樣地，當你的辦公桌變成「找不到釘書機」、「資料不知道塞到哪裡」、「桌上東西太多，資料沒辦法放在桌上看」的狀態時，你的工作效率就會下降。心情也會變得亂糟糟。

特別是花時間找東西這件事，真的很沒意義。根據某分資料顯示，一般人花在找東西的時間是1天25分鐘，那麼1週大約就是3小時，1年就有150小時那麼多。真的好可惜！為了有好的工作表現，一定要有乾淨整齊的辦公桌。

整理的重點只有3項。

1　丟掉不需要的物品（請參閱P100的詳細說明）
2　立刻處理必要的物品
3　將物品分類收在固定的場所（保持整潔的狀態）

很簡單對吧！只要完成這3個步驟，心情就會很輕鬆，工作起來也會很愉快。

這麼一來1星期你就能省下3小時的時間囉！

「在必要的時候，立刻找到必要的物品！」

這就是基本的辦公桌擺設

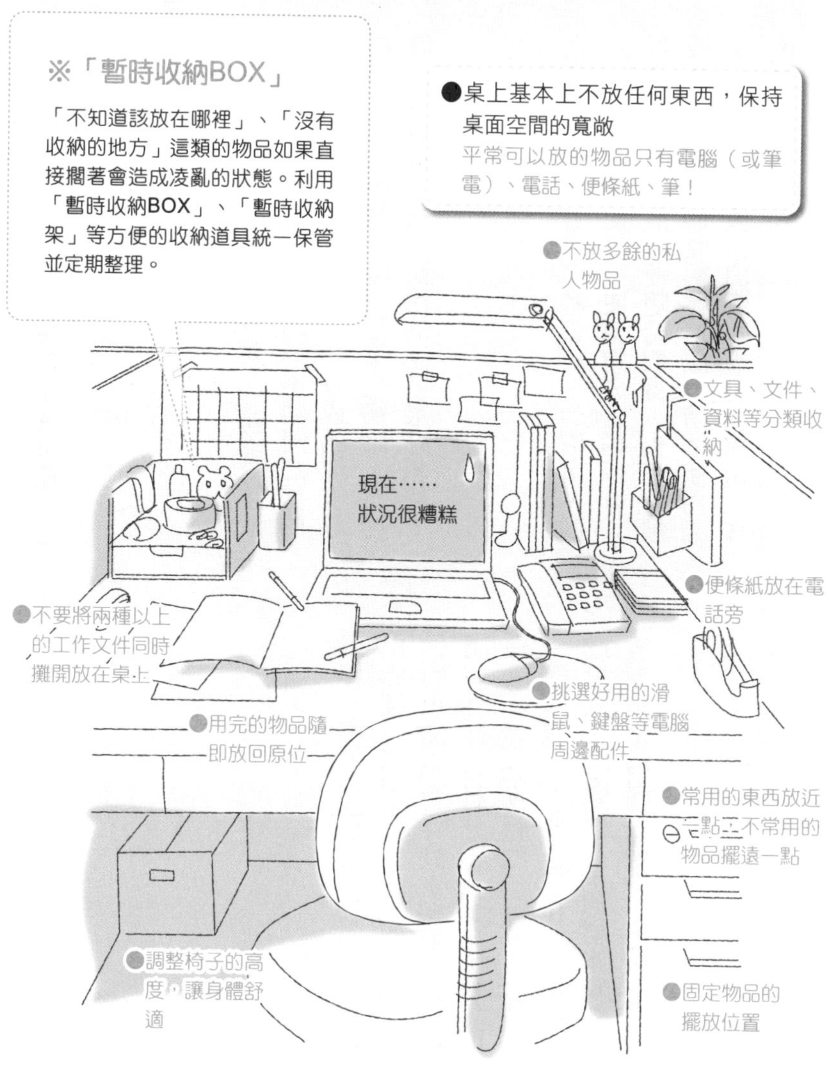
※「暫時收納BOX」
「不知道該放在哪裡」、「沒有收納的地方」這類的物品如果直接擱著會造成凌亂的狀態。利用「暫時收納BOX」、「暫時收納架」等方便的收納道具統一保管並定期整理。
●桌上基本上不放任何東西，保持桌面空間的寬敞
平常可以放的物品只有電腦（或筆電）、電話、便條紙、筆！
●不放多餘的私人物品
●文具、文件、資料等分類收納
現在……
狀況很糟糕
●便條紙放在電話旁
●不要將兩種以上的工作文件同時攤開放在桌上
●挑選好用的滑鼠、鍵盤等電腦周邊配件
●用完的物品隨即放回原位
●常用的東西放近一點、不常用的物品擺遠一點
●調整椅子的高度，讓身體舒適
●固定物品的擺放位置

03

讓你在必要時能立刻找到想要的東西
——文件處理、資料建檔的7大要點

1 電腦裡已建檔的資料，盡量別保留「紙本」

整理檔案資料時，首要之務就是減「量」。若是重新謄寫的檔案請將之前的處理掉。已儲存在硬碟、CD或記憶卡等的文件也請盡量刪除。如果是網路上可搜尋到的資料且很少使用的話就最好刪掉。

2 檔案資料請分類保存

企劃書、報告書、參考資料、估價單、郵件……等為方便日後使用請先分類保存。這麼一來除了能方便隨時取得，也不必煩惱該將檔案資料收納在何處。請依使用頻率的多寡就近放在周邊，盡可能縮短工作的動線。

3 將檔案資料分類為「未處理」、「保留」、「已處理」

工作一增加，檔案資料量也會隨之增加。已處理、未處理的文件資料若堆滿桌面，你的思緒也會受到影響而變得亂糟糟。請將文件資料分為未著手進行的「未處理」、正在進行的「保留」與已完成的「已處理」，並收納在便於使用的檔托盤或檔案夾。處理完畢的檔案資料請於當日放到指定的保管處。

4 統一文件夾的大小

大小統一，整理起來較容易，看起來也美觀。一般商務資料常會使用A4檔案夾。如果檔案夾的高低不一，請由「高↓低」依序排放。另外，為避免側面呈現凹凸不平的情況，排列時務必對準側標條。

5 文件夾請以直立排列

檔案夾若重疊擺放，找的時候會很不方便，一不小心就會散落一地。因此請將檔案夾直立排列。如果使用的是透明檔案夾請貼上標籤、收放在書架內。

6 標題要精簡易懂

檔案夾的標題要清楚易懂並標記在好找的位置（封面及側標條）上。未處理的文件等暫時放在透明文件夾的資料可利用標籤、便利貼等加上標題以方便識別。

7 定期處理不需要的檔案資料

每2～3個月進行1次定期性的確認，若是「已不需要」的檔案資料請即刻處理。如果抱持著「說不定哪天會用到」的心態留下一堆文件，也許真的會用到的資料就會被埋在裡面找不到。內容若有涉及個人隱私、機密情報等文件則請用碎紙機處理掉。

◇讓工作表現良好，運氣變超強的習慣◇

48

進入公司後，先擦拭辦公桌

●用水擦拭來淨化空氣後，再開始進行工作

用「水」擦拭可淨化滯留在空間內的能量。辦公桌上的灰塵與手垢比你想像中的還要多。大部分的人會想，正在忙的時候還要特別準備濕布是件麻煩的事，其實真的很簡單。只要放一包濕紙巾在抽屜就可以了。養成工作前先清潔桌面的習慣，讓空氣與心情都變得清新。

準備喜歡的文具用品

●因為喜歡所以不容易弄丟

特別是經常用到的原子筆、麥克筆、便條紙、筆記本、便利貼、迴紋針、文件夾等，針對設計與使用的便利性來挑選。只要是很重視的物品，就不容易弄丟遺失。若是私人物品，只要是工作上會用到的，就算帶點個人特色也沒關係。即使不小心掉在會議室等某個地方，別人看了馬上就會知道「這不是○○的東西嗎？」便會立刻歸還給你。

50

儘早補充需要的文具用品、消耗品

●等用完之後再補充，運氣會下降

當你充滿幹勁地準備開始工作，但卻碰上了「影印紙用完了！」「找不到半支有水的麥克筆！」「沒有可以放資料的文件夾」等狀態時，難免會有受挫感。為了讓工作順利進行，請儘早補充適量的文具用品或消耗品。記住一個原則，別等到「用完之後」，而是「提早」補充。如果在私下也能遵照這個原則，你會發現自己的心情將變得很積極。

51 就算找不到也不要過度執著

●先告訴自己「總有一天會出現啦」

假如找了5分鐘還是找不到，就先處理別件事。因為就算你一直找，也只是浪費時間而已，既然如此那就告訴自己「它總有一天會出現」。如果是文具用品就先用別的代替，如果是文件資料就重做一份新的。容易弄丟文具的人，可以先準備好備用的文具。

52 暫時離開座位或從外面返回公司時，別忘了整理辦公桌

●保持辦公桌的整潔

當你要長時間離開座位時，請務必整理一下辦公桌。除了桌面，抽屜內也要整理乾淨。這麼一來，當你不在座位時，即使其他同事因為工作需要必須開你的抽屜找東西，你也不會為了辦公桌很亂而不好意思。清潔整理具有讓心情穩定、變積極的效果。在情緒低落、煩躁的時候，只要花5分鐘的時間去整理，心情就會變得很輕鬆。

※「存在的東西不會憑空消失！」找東西的4大步驟

◎STEP1
首先，不要急著尋找，先做個深呼吸，從可能會在的地方開始找起

◎STEP2
回想一下最後看到或用到該物品的經過，找出物品的動線

◎STEP3
可能就在某處的下面……找找看眼睛沒有看到的死角

◎STEP4
最後，將整個空間的每個角落都仔細找過一遍（基本上不需要做到這個地步）

★不需要花時間一直在同一個地方找。要是找不到就先放棄，改著手進行其他事。

04

你身邊的物品有一半都可以丟棄
——丟掉不需要的東西，為自己打造乾淨舒適的工作環境

1 覺得「不需要」、「沒有也沒關係」的物品就馬上丟掉

2 有多出來的東西就丟掉（例如抽屜內、櫃子、書架、寄物櫃等）

3 壞掉、損毀的物品就丟掉（可以修理的話就修理）

4 很久沒用、不知該用在何處的物品就丟掉

5 數量很多的物品，留下1個，其他的都丟掉（例如文宣簡章、資料等）

6 有新的出現時，舊的就丟掉（例如檔案夾、名片、電話簿等）

7 容易忘記其存在的物品就丟掉

8 方便取得的物品就丟掉

整理物品時最重要的就是「丟棄」。一直擱置只會讓身邊的物品不斷增加。

辦公室內「必須丟棄物品」的理由是……。

★無法立刻找到需要的物品，花很多時間找東西。物品很容易弄丟

★東西一多就很難整理，看起來也很不好看

★辦公的空間變小，工作效率變差

★無法保管太多物品，甚至忘了物品的存在

★搞不清楚什麼才是真正必要的物品、重要的物品

★身處雜亂的環境內思緒也會變混亂。缺乏緊張感，變得很懶散

首先我們必須了解「東西增加↓工作效率就會降低」的反比例原則。而且，為了

Pon Pon

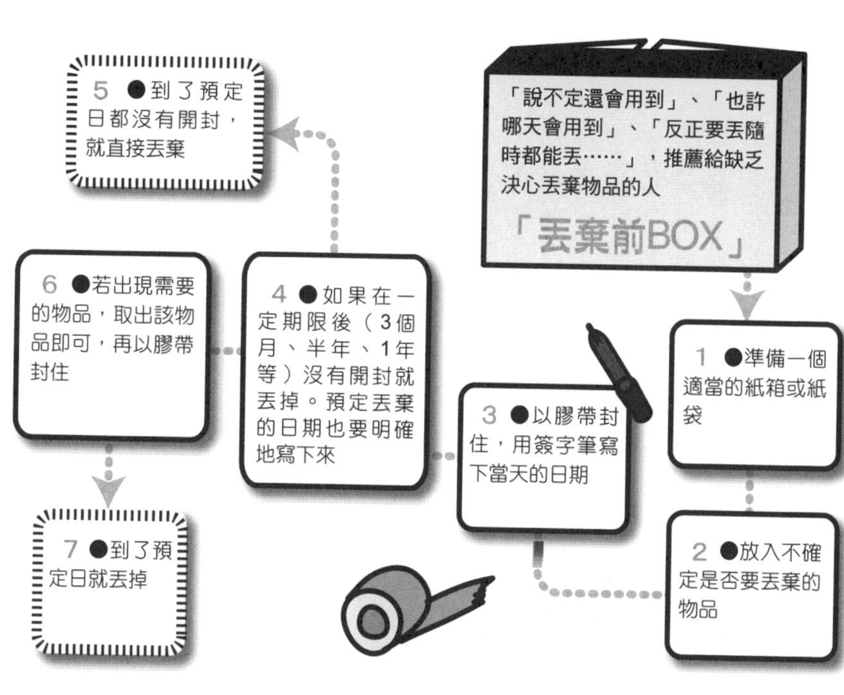

「說不定還會用到」、「也許哪天會用到」、「反正要丟隨時都能丟……」，推薦給缺乏決心丟棄物品的人
「丟棄前BOX」
1 ●準備一個適當的紙箱或紙袋
2 ●放入不確定是否要丟棄的物品
3 ●以膠帶封住，用簽字筆寫下當天的日期
4 ●如果在一定期限後（3個月、半年、1年等）沒有開封就丟掉。預定丟棄的日期也要明確地寫下來
5 ●到了預定日都沒有開封，就直接丟棄
6 ●若出現需要的物品，取出該物品即可，再以膠帶封住
7 ●到了預定日就丟掉

加入新的物品，勢必就要丟棄舊的物品。

鼓起勇氣，乾脆地丟掉不需要的東西。

至於私生活上的「丟棄」基準則有「與自己適不適合」、「價格昂貴或便宜」、「喜歡還是討厭」等各種理由，但工作上的丟棄基準就只有「需要或不需要」。

整理時**先將物品分為「需要」、「不需要」、「不確定」**3**種**。

「需要」的物品再另外處理，「不需要」的物品就丟掉。麻煩的是，「不確定」的物品。只要放進上圖的「丟棄前BOX」即可。此外，與「丟棄」一樣重要的就是「不隨便增加新的物品」。不製作多餘的檔案資料、不買不需要的文具用品、別人送的東西就帶回家等，以節省經費&節約空間的環保職場為目標。

◇讓工作表現良好，
運氣變超強的習慣◇

不論是工作還是私生活「只要捨棄不必要的物品就會變幸運！」

53

3秒內丟棄

●相信直覺，不要猶豫不決

就算只是一瞬間閃過「不要了」的念頭，只要超過3秒，很快就會出現「不，等一等，說不定……」的想法。可是，大部分的「說不定」都是沒必要的。即使日後真的有需要，只要不是重要的文件資料還是有辦法可以解決，所以請養成立刻做決定的習慣。

54

郵件看完後馬上處理

●廣告信直接丟進垃圾桶，其他信件立刻拆封處理

如果是在公司，必要的文件就歸檔或交給負責的人處理，不需要的就直接丟棄。若是在大廈或公寓等自家住所收到廣告信就直接丟掉。不需要的看完後就丟掉別帶進家裡。這也是不增加物品的秘訣。

怎麼啦？
為什麼突然要幫我
拍照……
來，看鏡頭，
笑燦爛一點喔！！

55 有回憶的物品用照片留念

● 想丟又捨不得丟時的絕招

小時候一直保存到現在的娃娃、曾經著迷過一段時間的收集、別人送的禮物等，「雖然已經不需要了，還是捨不得丟掉」的物品，不妨拍下照片。當成「有回憶的物品」，至少還有照片可以看，心裡會比較安心，也能乾脆地丟棄。建議各位可以試一試。

56 決定期限，「○個月（○年）後，如果不用了就丟掉」

● 依類別決定期限

如果是衣服，1、2年都沒穿就丟掉；如果是鞋子，1年沒穿就丟掉；如果是信件，過了1年就丟掉；如果是化妝品，半年後就丟；如果是雜誌，3個月後就丟……像這樣在一定的期限後沒有使用就丟棄。當然也可以送去回收、跳蚤市場或與朋友交換，讓物品得以循環再利用。

05

整理電腦就像整理自己的大腦

——整理電腦內的檔案是很重要且必須的工作

過去整齊排列在檔案室架上的文件資料，如今都被電腦檔案所取代。因此，電腦檔案的整理可說是很重要且必要的事。

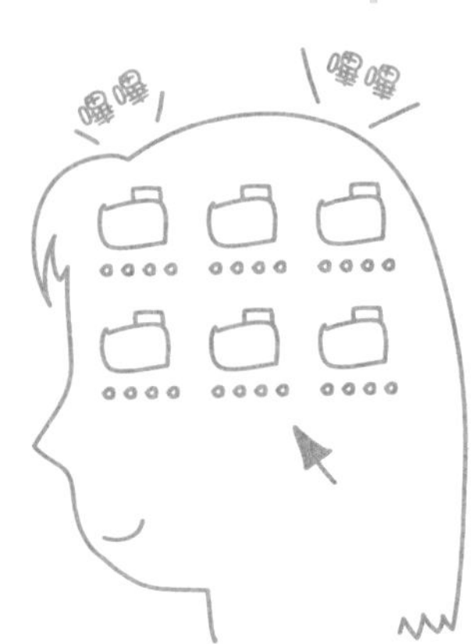

如果電腦的桌面上有很多檔案，或是不知道哪個資料夾裡放了哪些檔案是很糟糕的狀態。

「奇怪？那個檔案，我存到哪個資料夾裡了？該不會是刪掉了吧？」

光是找個檔案就要花費許多時間。

整理電腦的檔案也等於在整理我們的大腦。使用電腦的「文書處理」軟體或在自建資料夾內建立「企劃書」、「估價單」、「文件表格」、「客戶資

57

◇讓工作表現良好，運氣變超強的習慣◇

盡可能少將檔案直接擺在桌面上

● 檔案一定要存在資料夾內

將各種檔案都擺在桌面上，找起來會很花時間。特別是有很多相似檔案的時候，就必須將檔案全部打開。精簡桌面的項目（網路、電子郵件、文書處理軟體等），只保留正在進行的檔案，將檔案存在固定的資料夾內。

58

標題命名要簡單易懂，讓人可在10秒內找到

日期＋任何人看了都能了解的標題

建立簡明的標題，如「090727S公司『○○企劃』企劃書」等，那麼當你請假的時候，其他同事馬上就能找到需要的檔案。如果是2009年7月27日的檔案，先在檔名前加上日期如「090727」，資料夾內的檔案就會依日期來排序，找起來會更方便。若出現檔名重覆的檔案，記得將標題與日期一起變更。

59

養成備份的習慣

換下一頁時記得「存檔」

因為突發狀況導致電源被切斷，或是開啟資料夾的時候因為檔案過大而當機，這些情況很常見，所以最好養成隨時「存檔」的習慣。這樣可以避免「花時間寫的文件消失了」的情形發生。至於重要的檔案，除了存在電腦硬碟內外，另存進USB、CD的話，就算電腦突然壞掉也不必擔心檔案受損。

料」等檔案時，就像在整理自己的大腦一般建立個別的資料夾。

在「客戶資料」內建立新的資料夾，如「A公司」、「B公司」、「C公司」等，以你習慣的方式來整理。

基本上，電腦檔案的整理與紙本資料的處理方式相同，也就是保持「該有的物品」在「該在的場所」的狀態。

請把握以下4個重點。

1 **完成新的檔案後就存到資料夾**
2 **刪除不需要的檔案**
3 **依自己的「規則」建立「流程」**
4 **讓每個人看了都能了解的「清楚化」**

重點在於「馬上就做」以及將自己有效率的做事法規則化，不要做其他多餘的考慮，並迅速處理即可。

06

清空累積過多電郵的收件匣！整理電郵的規則

——把握4項重點來管理電子信箱

每天都會收到電子郵件，不知不覺間收件匣已經塞滿了郵件。

不需要的電郵、讀取過的電郵、必須回覆的電郵全都擠在收件匣內，在這樣的狀態下你的大腦也會變得無法好好思考。光是要找封重要的郵件就得花上不少時間……。

電子郵件的處理方式與紙本文件、電腦檔案相同。

1　不需要的郵件，立刻刪除

2　需要的郵件，馬上處理

3　處理完畢後，立即存入資料夾

透過這樣的流程，逐一整理電子信箱內的郵件。

此外，還要掌握以下4個細節重點。

刪除不需要的電子郵件

看主旨就知道不需要的郵件，不必讀取直接刪除。讀取後覺得沒有必要保留的郵件也立即刪除。

電腦的儲存容量有限，因此盡可能縮減電郵檔案所占的空間。

另外，避免再度收到不需要的郵件也很重要。不想讀取的電子報、廣告信就取消登錄。垃圾信可使用垃圾郵件的功能來加以過濾、管理。並且定期地（每天、每隔1週等）「清空垃圾郵件的資料夾」。

收件匣內不放任何郵件，將讀取過的郵件依寄件者分類保存

若是經常以電郵往來的對象，在收件匣內可建立專屬的資料夾，如「A公司」、「B先生／小姐」等。

這麼一來，當你覺得「A公司的那封郵件很重要」、「想確認工作的進度」時，就能快速找到想要的郵件。不規則郵件則統一放在「其他」資料夾內保存。

「已讀取」、「已回覆」等處理完畢的郵件從收件匣移往別的資料夾。基本上，收件匣內要保持在沒有任何郵件的狀態。

這麼一來，收到新郵件時很快就會察覺，也能明確知道是否應該進行處理，整理起來更是輕鬆方便。「早點把收件匣清空」的想法也會提升你的幹勁。

寄件匣內不放任何郵件，將寄出的郵件依收件者分類保存

寄件匣的整理方式與收件匣相同，將寄出的郵件分別存入各個收件者的資料夾內，使彼此的郵件往來變得更清楚。

當天的郵件在當天內完成處理

電子郵件的處理不要留到隔天是基本原則（傍晚收到的電郵若非緊急狀況可隔天再處理）。回覆上需要花一點時間的郵件可選取「待處理標幟」的功能，以提醒自己不要忘記。

07

別為了電話與電郵忙得暈頭轉向！

——規劃打電話&收發電郵的時間表

越忙的時候電話反而越多，加上又有必須回覆的郵件，結果「重要的工作都做不了！」這樣的情況相信不少人都曾經遇過。

為了避免發生這種情況，最好在1天內規劃2～3次處理電話與電郵的時間表。就算晚了3～4小時才回信，對方也不會為此生氣。因為如果是緊急的事，應該會直接用電話連絡。

此外，「主動打電話給對方」是基本原則。尤其是面對「差不多快打來了」的人，更要先下手為強。在你方便的時間先打電話，對方打來的次數也會跟著減少。

雖然電話費會增加卻能為你換來更多的時間，利用那段時間進行具生產效率的工作，最後的結果還是有收穫的。

若對方是與你關係熟稔的人，收到郵件後直接以電話連絡，不但能縮短處理事情的時間，也能增進彼此間的溝通。主動打電話給對方也會令對方對你留下好印象。

假設你發了封郵件問對方「下次開會要訂在什麼時候呢？」對方回道「○月×日的下午，或○月△日的整天我都有空」，然後你又回覆「這兩天我都有事。請問還有別的日子嗎？」與其像這樣把時間花在郵件的往返上，不如直接打電話問對方。迅速在電話中討論的話，只要花2、3分鐘就能解決了。

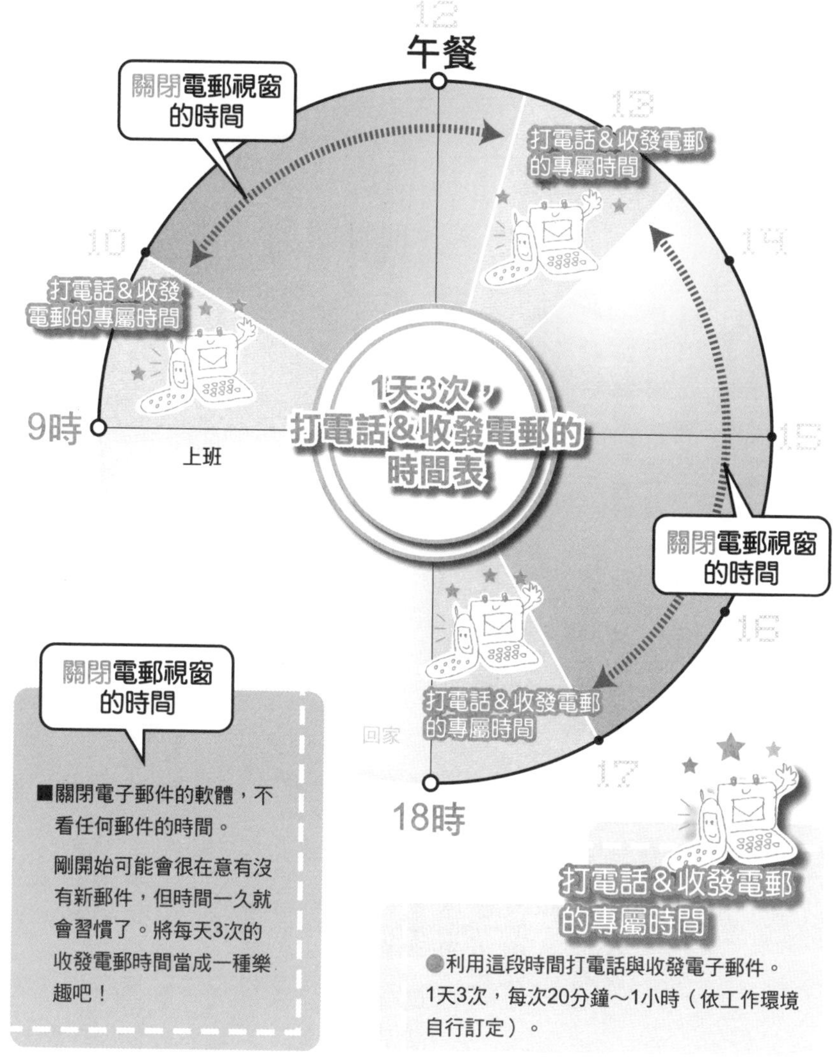

■關閉電子郵件的軟體，不看任何郵件的時間。

剛開始可能會很在意有沒有新郵件，但時間一久就會習慣了。將每天3次的收發電郵時間當成一種樂趣吧！

●利用這段時間打電話與收發電子郵件。1天3次，每次20分鐘～1小時（依工作環境自行訂定）。

另外，若是比較複雜的事情，不要使用電子郵件，直接打電話較能傳達清楚。但，電話如果沒有錄音就無法留下記錄。

對於比較重要的事項，為防止日後忘記，最好再以電子郵件加以確認。

理解了電話與電子郵件的特性後，可視需要與情況選擇使用。

60

電話鈴聲響起時，積極地接聽電話

●說不定是你喜歡的人打來報告好消息

有些人對於打來公司的電話會覺得受到拘束、感到麻煩而不想接聽。但遇到不能不接聽的時候，請你主動接起電話。既然接了電話，就請用開朗的聲音給予最好的應對。積極接聽電話的人不但在公司內會獲得好評，在公司外的評價也會很好。

61

每封電子郵件控制在5分鐘內完成

●內容簡短的郵件在3分鐘內完成，稍微正式的內容試著在5分鐘內完成

有些人寫一封電子郵件就得花上10到20分鐘。電郵的內容盡可能要簡潔俐落。每次寫信前先思考「想向對方傳達的是什麼？」寫出來的內容就會更明確。若是簡短的內容就控制在3分鐘以內，需要寫得正式一點的話請提醒自己在5分鐘內寫完。漸漸地，就算不看時間你也能在時間內完成回覆。

如果郵件中經常會寫到相同的內容，可先輸入固定的格式，寫信時就會更方便。

最後再看一遍內容，說聲「ＯＫ」後將電子郵件寄出

●使用的語句盡量簡短，確認內容正確沒有遺漏

郵件中出現意思模糊的內容，或是漏寫的部分，就得增加郵件往來的次數。忘記附加檔案、忘了以ＣＣ（副本）寄出只好重新再寄一次……這些也是常有的情況。因此，寄出郵件前先從頭到尾仔細確認一遍，真的「ＯＫ」了再寄出。若有提及連絡事項的內容，請掌握５Ｗ１Ｈ的原則。

如果覺得對方可能會打電話來，就由你主動先打電話過去

●先下手為強是必勝關鍵

有時候我們就是會知道對方可能要打電話來了。這時候，就要主動先打電話過去。一有疑問馬上打電話詢問，找好晚餐要去的餐廳立刻打電話預約……像這樣透過電話就能立即解決各種問題，真的很方便。先下手為強是活用電話的秘訣。

64

下了班的私人時間也要規劃收發電郵的時間表

●主動打電話，電子郵件則視情況而定

私人的電子郵件、手機簡訊如果也像工作上的郵件那樣「一收到就得馬上回覆」，就只好暫時中斷手邊正在做的事，打亂了原本的步調。如果不是很緊急的事，就算沒有立刻回覆也ＯＫ。只要事先決定好回信的時間，如回家後、睡覺前等，對方自然也會配合你的時間。

記住這些很有幫助！

公務電子郵件的10項規則

1

收件者的部分加上敬稱

在對方的姓名後加上「先生／小姐」的敬稱再儲存到連絡人。

2

同時寄給多人時，注意CC、BCC的使用方法

CC（副本）是指同時寄給兩個以上的收件者；BCC（密件副本）則是在不想讓其他收件者看到時使用。

3

主旨要寫得具體一點

不寫名字，而是寫重要的事。若是相同的內容，用「Re:○○」也OK。

4

1封電郵內只提1件事

為了讓對方清楚確實地了解作業內容，其他的事則寫在另外的郵件中。

5

回信後，仍要保留收件者之前寄來的郵件

為方便確認郵件往來的經過，只要保留收件者最後寄來的郵件，其餘的就可以刪除。

6

1行的字數控制在30字，多出就換行

為方便對方閱讀，在適當的段落換行，並且適度地加入空白。

7

一定要附上署名

務必附上公司名、自己的名字以及連絡方式。加上格線後看起來會更清楚。

8

不使用html格式，而是文字檔的格式

html格式有時會出現亂碼，所以請設定變更為文字檔格式。

9

若有附加檔案，內文中也要提及

有時對方可能會漏看或無法開啟附加檔案，為避免發生這樣的情況，最好在內文中先予以告知。

10

即便是通知的電郵也要回覆對方「我知道了」

就算只是簡單的通知內容，對方還是會想知道「你究竟看了沒有」。

Work and the future

確實做好「報告・連絡・討論」

——仔細地重覆進行能取得對方的信賴

「我和上司總是沒辦法好好溝通」其實，只要做好「報告・連絡・討論」就可以了。報告・連絡・討論是為了讓工作能順利進行，而與上司、同事間必做的三要事。

「為了促進彼此的關係，必須好好溝通！」這其實不需要特別努力，只要增加報告・連絡・討論的次數，並且每次都用心去做，就算只是單純的交待事情也可達成心靈相通。大部分的上司都很期待部下的報告・連絡・討論。別讓上司對你說「欸，那件事怎麼樣了？」請主動提早告知。

「報告・連絡・討論」有3個基本要「點」，就是「快一點」、「多一點」以及「短一點」。

雖然報告・連絡會因為上司的個性、職場環境而有所改變，但與其一次全部說完，倒不如多說幾次，彼此也

65

◇讓工作表現良好，運氣變超強的習慣◇

只要有一點點擔心就要馬上進行「確認」

●「這樣對嗎？」仔細多確認，讓自己充滿自信

在工作的每個段落報告進度很重要，但當你因為「這樣沒問題嗎？」而感到擔心，覺得想要暫停一下的時候，請馬上進行確認。就算被唸「你好煩！」「那點小事你也不懂嗎？」也別太在意。與其在不安的狀態下工作，等到事後才發現失誤，這樣不厭其煩地確認絕對比較好。

討論前先設定好選項，提供對方做決定

討論前先自行思考

與對方一起從頭開始思考解決方法會很花時間。假如你先想出方案，再問問對方「這個方法怎麼樣？」「那樣很ＯＫ」若能像這樣獲得對方的認同，問題就解決了。即使不夠完美，只要獲得上司的建議就能進行修正。從多個方案中鎖定選項，讓對方做決定，不但可縮短時間又能得到對方的信賴而覺得「你很認真在思考」。

「進行得很順利」、「一切ＯＫ」就算只有這樣也要報告

簡單的一句話，就能讓上司感到安心

如果你只在有狀況發生或有問題的時候才向上司報告，那麼每次你報告的時候，上司就會想「又有什麼不好的事了嗎？」但「事情進行得很順利」才是上司喜歡聽到的話。若是長時間進行的工作，就算沒有什麼特殊的事，也最好是每3天或1週定期向上司報告。說話的時候別忘了面帶微笑喔！

會比較安心。較細微的內容以口頭說明後，再用文件或圖表等說明詳情。為了讓對方清楚了解，記得說明的方式要有條理。比起冗長沒重點的話，簡短明確的表達更能讓對方牢牢記住（請參閱P116的說明）。

若是重要事項，為避免日後引起「說了」、「沒說」的糾紛，說之前與說之後務必要寄發電子郵件。但，只寄郵件對方可能會「沒有看」，所以最好是「口頭＋電郵」。另外感到困惑的時候，別猶豫，直接找對方「討論」。靠自己解決只是浪費時間與體力。很多事情只要經過討論，很快就能獲得解決。討論會讓對方變成你「信賴的好夥伴」。不必考慮太多，在問題變得更嚴重之前趕快找對方討論吧！

學會邏輯性的表達方式

——只要站在對方的立場，就一點都不難

Logical

女性比較不像男性那樣擅長邏輯性的說話方式，這是普遍的認知。這與原始時代延續至今的男女溝通方式的差異有關。

男性之間為了達成「狩獵」、「買賣」、「戰鬥」等可「獲得成果」的目的，會透過指示或命令、傳達的方式來進行溝通。相較之下，在城鎮或農村裡互助合作、共同生活的女性們，則是為了「增加感情」、「相互協助」的目的而進行溝通，彼此產生共鳴，透過無止盡的對話建立關係。所以感情豐富也是女性說話方式的特徵。

這樣的說話方式，在想與對方拉近距離或透過五感說服他人時很有效，但在以追求確實達成目的為訴求的商場上卻不怎麼管用。例如「說話內容有許多漏洞，不知道究竟想要表達什麼」、「抓不到內容的重點」都是很常有的

讓你被稱讚「你說的話很好懂！」的

邏輯性表達方式7要點

Good!

1　起初先傳達數字或時間

要向對方報告較正式的事情時，先說具體的數值，例如「可以給我5分鐘的時間嗎？」「我想出了3個方案」等。這麼一來，對方就能做好準備，仔細去聽你話中的重點。

2　以「結論→原因→經過・詳情」的順序傳達事情

若將結論放在最後才說，聽的人聽到一半會因為搞不清楚「究竟是為了什麼」而分心，然後會要求「再說一次」。假如一開始就先說結論，對方聽的時候就會集中精神。陳述事情時以「那是因為」、「也就是說」的語句來貫穿，所以請把詳情與經過放在最後再說。

3 整理好重點後再說

說話前先模擬「對方想聽的內容、可能會提出的問題」，整理好重點。句子盡可能簡短，使內容簡單易懂。

4 掌握5W1H的原則

報告或連絡、做簡報等說明事情的時候，請掌握5W「Who（誰）」、「What（做什麼）」、「When（何時）」、「Where（何地）」、「Why（為什麼）」、1H「How（如何做）」的重點。

5 明確表達「希望對方做什麼」

對對方有所期望時，就要明確傳達。如果只是單純地進行報告，就算期待對方做些什麼，對方還是不會有所行動。因為對方也想知道自己該怎麼做，才能展開行動。

6 事實與個人意見要分開說

若一起陳述事實與意見，事實部分就會缺乏說服力。先傳達事實的內容，最後再說出自己的意見，要明確地分開表達。

7 加入具體的數值

不要使用「很多」、「稍微」之類語意模糊的詞，傳達數量、時間、距離、長度或大小等內容時，請使用具體數值。另外如使用「10個人中有8個人贊成」的多數贊同原理也很有效。

事。「非常」、「很多」像這樣說話時經常出現的情緒性表達方式，或是以個人感情而非事實為中心來陳述事情。

為了成為「幹練的女性」，請培養邏輯性的說話方式。提到「邏輯」二字可能會讓人覺得困難，但只要說話的內容合理即可。精簡說話的內容，掌握住重點就OK了。慢慢適應後就不會感到困難。說話方式的重點是，要站在對方的立場，從對方的角度去思考「什麼是對方最想知道的」、「怎麼說才能表達清楚」，這麼一來，說起話來自然會變得有邏輯。

說話方式改變後，就連思考方式也會變得很有邏輯。請各位參考上述的「邏輯性表達方式7要點」，積極地試一試。

第4章

不加班也能有出色的成果

「安排高手就是工作達人」，準備會影響工作表現！

在日本有句話說「事前準備占八成」，由此可知事前的安排對工作表現的影響有多大。安排可說是由「想像力」來決定。舉例來說，週末時你打算為家人或男女朋友、友人等準備一頓晚餐。當你決定好要煮焗烤料理和沙拉後，接著就要開始列材料清單。

「車站附近的蔬果店賣的菜很新鮮，下班後順道過去買一些吧！」

「中午前先準備好蔬菜，晚上就會輕鬆許多」

「為了避免對方在前天晚餐或當天午餐吃到相同的料理，要先告訴對方晚餐的菜色是什麼」

……不知不覺就出現了這麼多的想像。

要是等到當天才來想「今天要做什麼呢」，材料可能會不夠，或是做菜做到一半才發現調味料不夠，只好急忙趕去買，這樣將會花費更多時間，而且最後也可能無法完成你想做的料理。漫無計畫的態度，會造成許多無謂的浪費與損失。同樣地，不懂得做安排的人，工作起來就會漏洞百出。準備開始工作時，不要立刻著手進行，而是先仔細思考如何「做安排」。就算會花上一點時間，最後花費的總時間一定會縮短，而且也能達到很大的成果。

01

依「Why」、「What」、「How」的順序去思考

——「確認出發點」→「想像到達點」→「想像過程」

讓工作順利進行的「做安排」3步驟

① 確認出發點（目的）後，
② 想像到達點（完成形）的狀態。
③ 思考過程（方法）

就是這3個步驟。

從大型的企劃案到瑣碎的日常業務，任何情況都適用。當課題出現後，先在紙上寫下這個流程，好好整理大腦的思緒。

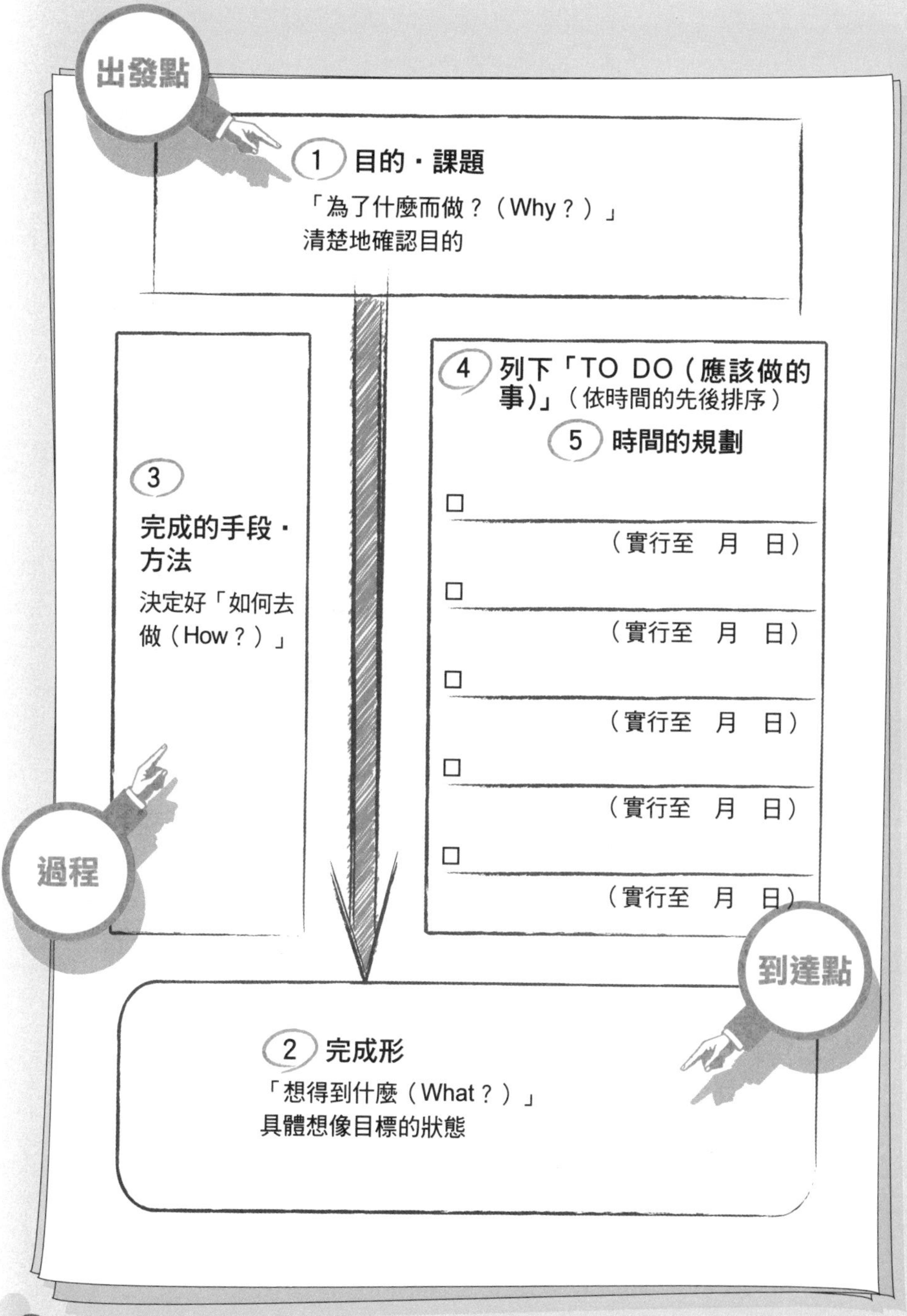

出發點

1 目的・課題

「為了什麼而做？（Why？）」
清楚地確認目的

3

完成的手段・方法

決定好「如何去做（How？）」

4 列下「TO DO（應該做的事）」（依時間的先後排序）

5 時間的規劃

□
（實行至　月　日）

□
（實行至　月　日）

□
（實行至　月　日）

□
（實行至　月　日）

□
（實行至　月　日）

過程

到達點

2 完成形

「想得到什麼（What？）」
具體想像目標的狀態

做安排的步驟

1 【目的的確認】

「這個工作是為了什麼而做（Why？）」

確定目的。

（有時完成形、方法會依目的而有所不同）

2 【完成形的想像】

「希望透過這個工作得到什麼成果（What？）」

具體地想像完成形。

〈例〉

你任職於一家生活雜貨用品店，店長交付你「製作、寄送給顧客、往來客戶公司賀年卡」這項工作。

1【目的的確認】

・向平時關照店裡的公司與客戶拜年、表達謝意
・藉著新年這個話題與客戶產生互動
・希望客戶今後繼續來店消費

2【完成形的想像】

・讓對方在許多賀年卡中立刻就注意到的搶眼設計
⇒工作人員用身體排成年份的數字，加上令人會心一笑的幽默留言
・吸引顧客上門的小撇步
⇒附上「福袋・超值的八折折價券」、「贈品兌換券」

68 以「Why？」、「What？」、「How？」的順序來思考工作

●「為了什麼？」「想得到什麼？」「用什麼方法？」

工作時最先要考慮的就是①「為何而做？」即便只是製作「顧客清單」，依照不同的目的，如「寄發邀請函」、「管理顧客」、「進行統計」等，方法、必要的情報也會跟著改變。然後是②確定「完成形」、③決定「方法」……像這樣，養成照著①、②、③的順序進行思考的習慣。

3
【方法的選擇】
「如何去做（How?）」
決定完成的手段・方法。

4
【列出TO DO（應該做的事）】
依時間的先後順序列出達成目標必須做的事

5
【時間的規劃】

3【方法的選擇】
・委託設計公司製作？發包給印刷廠印製？還是自己做？
⇓接受設計師友人的建議，決定自行製作

4【列出TO DO（應該做的事）】

5【時間的規劃】

- □ 拍攝工作人員用身體排年份數字的照片（12/1）
  ⇒ 連絡工作人員（11/23）
- □ 製作顧客清單・掌握賀年卡的張數（至12/4止）
- □ 賀年卡的設計（至12/8止）
- □ 購買明信片（至12/10止）
- □ 購買印表機的墨水（至12/10止）
- □ 印製賀年卡(12/11)
- □ 分配數張給工作人員私下使用（12/14）
- □ 加入手寫的留言（至12/17止）
- □ 收齊所有賀年卡後郵寄（12/18）

69 具體地想像「完成形」

●想像越具體越接近真實的狀態！

盡可能具體地想像工作完成後的「完成形」。如果完成形的想像模糊不清，中途可能會變得不知該如何是好，或是出現重複的變更造成時間上的浪費。明確完成形還可提升鬥志。

70 透過各種角度思考「方法」

●任何想法都可能變成方法

工作的方法沒有一定的規則。單一的課題，可行的方法卻是無限多。拋開既定的觀念，保持「沒有其他方法嗎？」的存疑心態很重要。從別人的方法、各種情報中也可獲得靈感。只要稍微改變觀點，也許就會想到其他方法。積極嘗試不同的方法，朝目標邁進也是不錯的方式。

做安排時試著「自我追問」

——避免讓自己落入「陷阱」的對策

做安排時，還有一件很重要的事希望各位記住。那就是，在工作進行的過程中隱藏著無法預期的「陷阱」。因此，必須做好「風險管理」，也就是設想「陷阱」，擬定對策使工作得以順利進行

總之，為避免落入「陷阱」**要先防堵陷阱、找出有漏洞的地方並加以迴避，或是迅速地克服。**

就拿前頁「製作、寄送給顧客、往來客戶公司賀年卡」的例子來說，你有想過以下這些事嗎？

「要是印賀年卡的明信片賣完了，怎麼辦？」

「如果對方家中剛好在守喪，怎麼辦？」

「假如臨時出現預定外的工作，時間要怎麼分配？」

◇讓工作表現良好，運氣變超強的習慣◇

71

邊做安排邊設想「這個時候應該怎麼辦？」的「自我追問」

●思考所有可能的風險（Risk）

「等一下，這時候應該怎麼辦？」像這樣邊做安排邊試著去想各種出乎意料的情況。思考多種可能的風險，擬好預防對策就能避開風險。假如沒有進行「自我追問」，遇到無法預測的事就會慌了手腳。

即使被風險拖著跑，也不會感到不安

●風險管理有助於迴避風險

如果一直想著負面的事就會受到影響，讓自己陷入不安，成天擔心受怕。對於風險，只要先做好預防就不必感到恐懼。為了能夠事先提醒自己、讓自己安心，風險管理是一定要做的事。

73

為了真正想做的事，必須做好遭遇風險的心理準備

●沒有風險就太無趣了！

我們活在世上，無論做任何事都一定會遇到風險。特別是要完成重要的事、達成目標時，風險也會變得更大。遇到真正想做的事，就要積極面對可能的風險。

「做事完全不考慮風險的人，人生中不會有任何成就」穆罕默德・阿里（Muhammad Ali，職業拳擊手・世界重量級冠軍）

請試著對自己進行「自我追問」。

這麼一來，你就能事先想好許多對策，如「先跟郵局的人預訂」、「等對方家中的喪期過後再補寄賀年卡」、「對了！可以請後輩的T幫忙製作賀年卡」等。

「風險管理」除了可應用在工作的安排上外，對於訂立達成目標的計畫、實現人生的目標都是很重要的。若只想著美好的結果，完全不考慮風險，最後很可能會發生「怎麼會變成這樣……」的情況。

「想像最好的結果，同時預測可能的陷阱」是很重要的事。

帶給對方超乎預期的感動
——被委託工作時的「步驟1・2・3」

受到他人工作上的委託時，請先思考以下的「步驟1・2・3」。

1【目的】為何要做這個工作

2【對方的期待】對方想要的是什麼

3【自己的方法】你會怎麼做

這和之前的做安排3步驟（Why→What→How）完全相同。

假設上司對你提出，希望你製作營業用資料的指示。

首先是1的「目的」。「這份資料是要給業務員當成跑業務用的參考依據嗎」、「還是寄發信件的檔案資料」、「或是提供給店家的資料呢」。根據不同的目的，資料的製作方式也會不一樣。

接著是2的「對方的期待」。「內容是只要能夠了解公司概要的簡單資料就可以了嗎」、「還是要詳細述敘過往的實際成

◇讓工作表現良好，運氣變超強的習慣◇

74

正確掌握對方內心「期望的是什麼？」

●對方期待的「完成形」是最低限度

正確理解對方的心情。開始進行工作時，若沒有先充分了解對方的需求，或誤解對方的期望，工作的方向就會出現錯誤，造成需要一再修改的結果。要是不了解就直接問對方「請您告訴我，您希望我怎麼做」。然後慢慢地將不必問對方就能解讀對方的期待視為最終目標。

75

找出對方重視的部分

對方所重視的是什麼？

假如上司是很注重工作成果的人，就要利用數字、以有邏輯的說話方式來表達；若是重視團隊精神的上司，工作時不要獨自進行，而要以團體為單位來完成工作；如果是凡事追求「速度」的上司，當他交待了什麼就要立刻去做。讓自己所做的事成為對方所期待的事。只要仔細觀察，就會知道該如何滿足對方。

76

以超乎對方期待的工作成果讓對方感動

「出乎意料」會讓對方感動並產生信賴感

想讓對方感動，不需要做什麼特別的事，只要將對方期望的事做到最好，並稍微超過對方的期待值就可以了。要是對方說出「喔，做得好」，這就表示你的表現很成功。像這樣不斷累積優秀的工作表現，會讓對方對你產生信賴感，也會為你帶來好機會。

果呢」，像這樣仔細去理解上司的需求。

最後則是3「自己的方法」。「只要不會被挑剔就可以了」、「排版或建檔的方式需要特別注意嗎」、「要提早交出去嗎」、「要提出讓上司覺得不錯的提案嗎」。這部分只要依據上司的個性就能找出令他滿意的方法。

但，如果是平常就在做的工作就不需要一一去想「是為了什麼而做」。一般的日常事務必須系統化作業，否則會很花時間，而且要是因為考慮太多而分心，反而會讓對方覺得「你無法信賴」，所以請各位多加留意。

「工作」就是為了回應對方的期待。重點在於正確理解對方的個性，並給予稍微超出期待的成果。這樣就能讓對方非常感動，並對你產生信賴。

將焦點集中在成果上，而非工作的時間上

——為了達到良好的工作表現，就要提高工作的品質與效率

與其在意「花了多少時間完成」工作，不如關注「達到了多少成果」。而「做了多少工作」的成果會與報酬成正比。

有些人獲得的報酬雖然只有「每小時1000圓」，但只要工作能力出色受到認同，時薪也會跟著調高。如果聚焦在「工作○小時可以得到△△△圓」的話，因為報酬永遠不會改變，只能延長工時才能增加收入。因此，就算是領時薪或月薪，只要工作上出現成果就會覺得工作變有趣，也會得到周圍的好評。因此，只要抱持著想讓工作有好一點的表現、想得到高一點的薪水的念頭的話，就能徹底堅持「提高工作的成果」。

以下是工作成果的方程式。

工作的成果＝工作的質×量×效率（速度）。那麼，為了提高此方程式的要素「質」、「量」、「效率」又該怎麼做呢？

首先，可透過增加經驗與知識來提高工作的「質」；而「量」只要增加時間就能提高。但，這畢竟有限度。最後的「效率（速度）」則可藉由時間的使用方式來提高，例如減少不必要的工作、系統化作業、方法效率化……等。

換言之，想提升工作成果，提高「質」與「效率」很重要。

◇讓工作表現良好，運氣變超強的習慣◇

77

工作時，在視線範圍內擺個時鐘

●隨時留意每個時間點的成果

在不需要移動身體就能看到的範圍內擺個時鐘，經常提醒自己留意每個時間點的成果。比起手機螢幕或電腦視窗顯示的數字鐘，有時針、秒針移動的機械齒輪鐘更能令人感受到時間的流逝。若辦公室內沒有擺設時鐘，就自行準備一個放在辦公桌。養成注意時間的習慣後，就算不看時鐘，你也能知道大概的時間。

不要說「沒時間」

●時間不是既有的，而是靠你自己創造出來的

在忙碌中仍可達到工作成果的人，絕不會將「沒時間」這句話掛在嘴邊。每個人1天都只有24小時，重點不是有多少時間，而是如何有效地運用時間。如果老是想著「有時間的話再做」，那就永遠沒時間去做。時間是要靠自己掌握的。

不要隨便浪費時間看電視

●好好利用私人時間做有意義的事

不經意地打開電視，看著無聊的電視節目好幾個小時……各位是否也有過這樣的經驗呢？如果你以為這樣是休息那可就大錯特錯。浪費時間只會讓自己更疲累。要是想放鬆，那就好好地休息。若要看電視，就要看得有意義，像是「這個節目對我有幫助」或「這部是我想看的電影」。確定自己該做什麼事，就不會懶懶散散、無所事事。

向工作速度快的人、能幹的人學習

●擁有提高成果的想像

在你身邊應該有讓你覺得「很會利用時間」的人。想要有效率地利用時間，模仿那些人是最棒的方法。「如何安排自己的時間」、「重視怎樣的時間」、「平常的行動如何」……仔細觀察對方，學習做相同的事。吸取好的部分，不適合你的部分就自行想辦法改變。

將工作的目標數值化
——提高達成的可能性

「將工作的目標數值化」

不少人在決定工作的目標時，常會這麼說。也有很多人是被上司這樣說。

不過，為什麼需要數值化呢？理由有以下3點。

1 確定自己該做的事後**會提升鬥志，也會提高達成的可能性**。

2 **可具體了解**之後還差多少**能達成目標，在規劃時間上也會比較容易**。

3 若順利達成目標，就可**接著訂立下一個目標**。要是無法順利達成，可**藉此反省、擬定對策**。

除了工作之外，將自身的目標數字化，想像也會變得比較具體。例如……

●「想增加月收入」⇒以時薪2000圓、日薪1萬6000圓、月收入32萬圓為目標。

●「想提高業績」⇒以達到本月業績目

◇讓工作表現良好，運氣變超強的習慣◇

81

立下只要稍加努力就能達成的數值目標

●把握自己的實力

過高的數值目標容易讓人產生「可能無法達成」的念頭，進而喪失幹勁。客觀地看待自己的實力，設定「只要努力就能達成！」的目標即可。較大的目標或志願，先細分成小一點的目標再逐一達成。

82

不易數值化的工作就透過10階段來進行自我評價

●看看自己究竟能多接近目標「10」？

許多工作的內容很難數值化，例如，接待客人、櫃檯工作、總務或秘書、護士、看護……。但，還是可以試著找找看有什麼可以達到數值化。如果是接待客人的工作，可將「每天讓3個客人對我說『謝謝』」當成目標；若是護士就以「每天和3名病患說話超過5分鐘」為目標。把每天的工作分為10個階段進行自我評分也是不錯的方法。將之記錄下來，製成表格或圖表，幫助自己了解成長的過程，以提升工作的鬥志。

82

別被數值牽著鼻子走

●數值不是唯一，還有無法計算的成果

不要讓自己的心情為了數值目標忽起忽落。就算沒有達成數值，也是很大的學習或成長。而且，如果因為數值稍微上升而過度勉強自己，之後也無法持續下去。數值只是個基準，工作上還有無形的成果與風險，請各位記住，數值並不代表一切。

標100萬圓、吸收10位新顧客為目標。

●「想培養英語會話能力」⇓每天學習30分鐘，半年後取得TOEIC800分的成績。

●「想存一筆海外旅遊基金」⇓為了實現每年1次、每次為期1週的海外之旅，每個月從薪水中拿出2萬儲存，12個月就有24萬。

諸如此類。達成具體的目標數值後，這些「成功體驗」會讓你產生自信。

要是無法達成目標，也可透過數值了解進度，知道自己「已經進行到哪種程度」，以減輕內心的挫折感，也不會覺得自己是遭受了「失敗」，而會將一切視為成功的過程，繼續向前邁進。

設定提早3天的「My截止日」

——同時設定多2～5成的「My目標」

我的工作經常會面臨到截止日。雖然明知就要逼近截止日，但就是提不起勁，總是在快來不及的時候才開始拼命趕進度，然後帶著煩躁的心情工作，好不容易才能安全過關。可是，如果遇到必須重做或無法預期的突發狀況時就只能舉手投降，就像走在岌岌可危的鋼索上那樣。

因此，我想到了一個方法，那就是自行設定「My截止日」。如果是規模較小的工作，真正截止日的前3天就是「My截止日」。若是較重要的工作，就會再往前設定為5天前、1週前。有時我也會帶著「挑戰」的心態，將工作天數設定為實際天數的一半。

自從我開始實行「My截止日」之後，以往面臨截止日時的焦躁、壓力就消失了，也不再有「被截止日追著跑」的緊張感。而且，就算出現了突如其來的工作或意想不到的問題，我也能沉著應對。

此外，我也會設定「My目標」。假設1天寫10頁稿子是既定的目標（或原本被交付的工作量），那我就會將My目標設定為15頁，試著去挑戰完成。

一旦達成目標就能產生很大的自信。即便只寫了12頁也沒關係，因為我已經達到原先的目標了。

「My截止日」、「My目標」是讓你以「主動出擊」的態度來進行工作的有效方法。

◇讓工作表現良好，運氣變超強的習慣◇

84 將「My截止日」寫進行事曆

●養成設定2個階段的截止日習慣

除了將既定的截止日期寫在行事曆裡，也要將「My截止日」寫進去。但千萬不可因此產生「反正還有3天時間……」的想法，而是要讓自己養成「提早在3天前做完，才能進行下一個工作」的習慣，這點很重要。

85 如果工作期間較長，將截止日細分為數個

●逐一達成每個My截止日

距離截止日還有很長的時間時，要是有「反正還有很多時間」的想法，沒多久你就會被期限追著跑。「先做到這裡」像這樣將工作內容細分，訂定短期的截止日。當工作完成後，你就能自行安排多出來的截止日。

86 「事前提出」完成率7成的成果

●獲得「這樣OK」的認同後再繼續

有時將工作全部完成後才被要求「好像有點不太對，你再重做一次」。為了避免發生這種白做工的情況，在完成7成的狀態下先交給對方，確認「可以繼續進行下去嗎？」也是一種方法。這麼一來就能安心地完成工作，而且獲得上司的建議，會讓工作的成果更完美。

07

不做也沒關係的事就不要做

——省去浪費時間的事可使工作變得有效率

★你也有這樣的情況嗎？

潛藏在平時工作中各種浪費時間的事！

邊檢視自己的情況，
邊思考解決的對策。

Check!

□ 不了解工作的做法、無法理解對方的指示，為此煩惱不已

□ 不斷確認E-mail，進行回覆

□ 上網瀏覽網頁，不知不覺用掉大半的時間

□ 因為平時沒有整理辦公桌，找東西變得很麻煩

多數人常帶著「沒時間了！」的心態在進行工作，因此有時會發生所有工作都沒有完成，最後只好「又要加班了……」的情況。

想要「在短時間內達成大成果」，一般人常會想到提高工作速度，或透過安排讓自己可以同時進行多個工作。但比起這些，最初應該思考的效率化是，「不做也沒關係的事，就不要做」也就是說，擬定對策、徹底省去做浪費時間的事。

時間的使用方法與金錢的用法相似。假設你經常買很少使用的東西，「積少成多、積沙成塔」，不知不覺就會累積成一筆可觀的花費。結果，你真正想要的東西、有價值的東西反而買不起，或是遇到緊要關頭時手邊卻沒有錢可以應急。只要徹底實行「不買不需要

- ☐ 電腦內的檔案沒有做好管理，為了找需要的檔案資料花了不少時間
- ☐ 電腦內檔案太多，開啟時速度很慢
- ☐ 和同事發牢騷、聊些無關緊要的瑣事
- ☐ 誤解對方的指示，必須重新再做一次
- ☐ 同一件工作總是不斷修正再修正
- ☐ 可以一次向所有人完成的連絡或報告，卻反過來各自進行
- ☐ 失誤連連，為了處理失誤耗費時間
- ☐ 經常花很多時間等待對方的連絡或報告
- ☐ 突如其來的指示太多，頻頻打斷手邊正在進行的工作
- ☐ 慣性卻不具任何意義的作業內容或會議
- ☐ 反覆進行沒有結論的會議
- ☐ 即使面對相同的工作，還是會思考很多

的東西」，就能存錢、旅行，甚至可以購屋置產，遇到需要大筆支出的時候也沒問題。

想要有效地使用時間，首先要刪去不必要的時間。這麼一來，**當有比較重要的工作或其他想做的工作出現時，你就能從容面對且集中精神在重要的工作上**。

平時我們毫不考慮就去做的日常事務中，其實也隱藏了許多無謂的事。因此，只要用新的觀點去看待工作，就能察覺當中不必要的事，進而去思考最好的做事方法。

也許當下為了改善必須花上一點時間，但就長遠的眼光來看，確實可以達到縮短時間的效果。省掉做浪費時間的事，一定可以讓你的工作效率變得更好。

簡單地思考優先順序
——不要只注意眼前的事

「工作太多，不知道該從哪裡開始著手！」

這是很常有的事。因此，我們必須思考「優先順序」，決定應該先做哪件事。

思考的時候不要想得太複雜。

首先，將今天一整天的工作分為以下3種。

1 今天必須完成的工作
2 最好在今天內完成的工作
3 明天做也沒關係的工作

以1→2→3的順序來進行工作。

但，屬於日常事務的郵件回覆、日報等既定的工作就不必特地決定優先順序，只要安排固定的工作時間，或利用空檔

◇讓工作表現良好，運氣變超強的習慣◇

為了避免浪費時間，先思考工作的目的

●問問自己「為了什麼？」就會發現無謂的事

工作時最基本的是，思考「這個工作是為了什麼而做？」了解目的後就會發現不必要的事，也知道應該把焦點放在哪裡。然後思索有什麼方法可提升工作效率。

去完成即可。並非所有的工作都必須設定優先順序。

有問題的狀況是，同時出現大量且種類、期限不同的工作。如果從重要度、期限、截止時間等來思考，就會分不清楚究竟該以哪項工作為優先，無法冷靜地處理。

這時候，只要先決定好優先順序的基準，就不必煩惱太多。優先順序的基準因人而異。有些人是以「期限順序」為優先，有些人則習慣「先做瑣碎的工作」、「先做感到有壓力的事」。重點在於，你認為怎麼做工作比較方便，那就是你的優先順序基準。當優先順序的基準確立後，你就會直覺地了解「現在應該要做什麼」，然後逐一去實行。

沒能順利完成的工作即使結束後，也不要擱著不管

●若覺得有任何磨擦，就要立刻去除造成磨擦的原因

工作時如果感到「花費的時間超過必要時間」、「總覺得不太順利」，這就表示一定有需要改善的地方。工作結束後別放著不管，請立刻進行改善。為了讓下次的工作順利進行，能夠馬上實行的改善方案要立即處理。若是需要花點時間，或與他人有所關連的改善方案則可慢慢進行。

89

客戶的觀點、公司以外的觀點……試著改變你的觀點

●從別的角度看事情，就能找出徒勞無功的事！

一直做相同的工作，會讓我們忽略那些不必要的事。「從客戶的角度來看，這項服務需要嗎」、「其他公司會採取什麼方法呢」像這樣偶爾試著改變觀點去思考事情。說不定你會發現以往視為理所當然的事，其實根本沒有做的必要。

以感覺掌握優先順序……

工作的優先順序依「重要度（重要性）」、「緊急度（時間）」來做區分。

將工作分為以下5個種類後，可以更容易決定優先順序。

1 重要且緊急的工作

與生病或意外事故有關的突發狀況、客訴對應、緊急的處理事項、短期企劃案等。

2 沒有很重要，但緊急的工作

客戶突然造訪、寄送資料、會議資料的影印、辦公用品的採購等。

※將工作分為5種，照著1→2→3→4的順序去做準沒錯。不過，這個方法是根據「重要度＜工作緊急度」為基礎。

（時間）**緊急度**

每天進行的日常事務

（不列入優先順序的考慮，在固定的時間或利用空檔時間處理）

接聽電話、回覆電子郵件、業務日報、報告等

重要度（重要性）

很重要但不緊急的工作

中長期的企劃案、商品開發、公司內部的溝通、業務的新客戶開發、取得資格（證照）、教育、必須親自完成的工作等。

不那麼重要，也沒那麼緊急的工作

文件匯整、文件處理、情報收集、事先調查等。

■雖然緊急的工作、逼近完成期限的工作必須列為最優先，但若受到眼前的事務所影響，會看不到工作的架構或長期的展望。因此，有時要視情況加入3的「很重要但不緊急的工作」。

決定工作優先順序的方法

——不知道優先順序的人必看

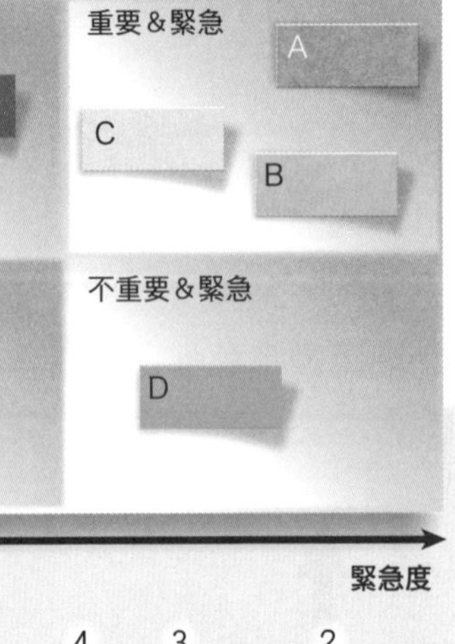

1 將所有的「TO DO（應該要做的事）」各自寫在大一點的便利貼上。

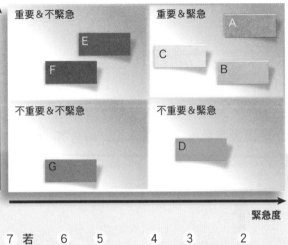

2 有期限的話就寫下日期。以較緊急、完成日或截止日逼近的事項為最優先。

3 將A4的紙如上表所示折成四等分、分成4類，貼上便利貼。

4 仔細斟酌內容，決定優先順序（如A→B→C→D→E→F→G）

5 把寫有優先度較高事項的便利貼黏在辦公桌或行事曆內。

6 首先，聚焦在優先順序前3名的事項，開始作業。若截止日不急迫，可同時進行。

7 出現新的工作時，視情況彈性調整。

〈看完之後，「還是不了解怎麼排優先順序！」的人……〉

●感到困惑的話，請掌握以下3點！

中長期工作的優先順序

① 截止期限逼近的事項優先處理。

② 有對象的事項優先處理。

③ 如果先做，之後會比較輕鬆的事優先處理。

・可在10分鐘內完成的事（藉由完成小事使心情放鬆，工作起來將會變得更起勁）

・可能會很花時間的工作（先預想會讓你感到有壓力的工作，這樣會比較安心）

◇讓工作表現良好，運氣變超強的習慣◇

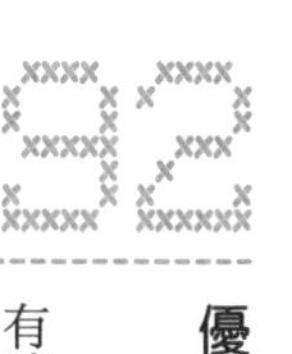

90 鎖定3項「優先處理的事」

●聚焦於現在「應該要做什麼」

各種工作不斷增加，會使人陷入恐慌的狀態。但，這時候，你能做的只有一件事。先決定好3項必須優先處理的事，並且集中注意力在那些事情上。只要完成其中一項，心情就會放鬆不少。不要任何事都做一些，先好好做完那3件事。

91 提起勇氣捨棄「不做也沒關係的事」

●「除了你之外別人也能處理的事」、「沒什麼意義的事」

試著重新檢視你的工作。如果只是做習慣了卻沒什麼意義的事、可以交付給他人的事，請鼓起勇氣捨棄吧！「行行有專攻」，與其花時間去做不擅長的事或困難的事，不如直接交給專家或擅長的人去做會比較好。把焦點放在「只有你才能做的事」、「重要的事」上。

92 優先順序要與上司的意思一致

●優先順序不一致會造成混亂

有時你的優先順序是「A↓B↓C」，但上司卻是「C↓B↓A」。要是你一意孤行照著自己的意思去做，可能就會被上司說「欸？最重要的C你還沒完成嗎？」因此在思考自己的優先順序前，最好先想想「上司希望我最先做的事是什麼」。如果不清楚，不妨試著直接問「您希望我先做哪件事呢」。

10

讓行事曆成為你專屬的「My秘書」

——使目標變明確的最強幫手

上班族應該是人手一本行事曆，只不過能夠有效使用的人卻是少之又少。

想讓工作變得充實，就要好好運用你的行事曆。

這是因為我們的記憶真的很模糊。對於較早之前的約定很快就會忘記，如果同時要做很多事，就會想「咦，我今天要做什麼啊」、「應該先做什麼事呢？」像這樣變得漫無頭緒。

因此，要讓行事曆成為專屬於你的「My秘書」。

「My秘書」（行事曆）的作用是……

1 避免忘記既定的預定計劃

2 確定要做的事，整理大腦思緒

3 訂立時間表

4 記錄已完成的事

5 提升鬥志

早上翻開行事曆，馬上就有能幹的秘書等著你，對你說：「來吧，趕快把今天的工作迅速處理完吧！」然後，你就會看到自己達成目標後的樣子……這是最理想的行事曆狀態。

行事曆的內容如果充實，工作與生活也會變得充實，人生也會變得很愉快。因為「你的目標」與「應該做的事」都很明確。

行事曆是幫助你我實現人生目標的好幫手。

選擇好相處的秘書！

〈挑選行事曆的方法〉

仔細挑選可協助你一整年的行事曆。選購行事曆時一定要非常注意，若買到的行事曆用起來不好用，或是你不喜歡的設計，漸漸地你就會變得不想使用。

購買行事曆的費用是對工作與未來的投資。想要有好的工作表現、實現你期望中的未來，就要好好選個有能力的「秘書」。

◇選擇行事曆的重點◇

1 同時具備月計畫表、週計畫表2種時間表最基本的條件。

必須把握1個月、1週的「To Do」，如果時間表旁有可以寫「To Do清單」的欄位更好，要是還有可以記其他事情的空白處最棒。

2 方便攜帶的適當大小。

無論何時何地都能記錄、方便攜帶的大小很重要。如果太大而無法隨身攜帶，就會出現「必須回公司才能知道預定事項」的情況；如果太小，看的時候很吃力，也無法寫得太詳細。

3 重視設計。

「只要看到行事曆就覺得很開心」、「拿著它就變得很有型」、「它能讓我展現能幹的一面」像這樣會讓你感到心情愉悅的設計很棒。此外，適合你的顏色、材質也是重點。選擇符合「理想中的你」的設計。

4 講究內頁紙張的厚薄。

內頁的紙如果太厚，會有種硬梆梆的厚重感。要是太薄，前一頁的字會透到下一頁，看起來很不美觀。記得要確認紙背文字的透見度。

5 好寫的筆也很重要。

寫的時候固定使用某一枝筆，寫起來、看起來都方便。將工作與私事用不同的顏色寫，重要的預定用紅筆圈起來，會議的部分做個記號等，用你覺得方便的方式來記錄。

111

成為你幹勁來源的行事曆

——確定①年間 ②月間 ③週間 ④1日的「To Do」事項

對我來說，行事曆就是我「幹勁」的來源。

每到年底我就會把隔年「想做的事」列出來，寫在行事曆的最前頁。這麼做，我就能知道自己隔年想怎麼工作、怎麼生活，想像「期望中的自己」。列清單時我會盡可能加入數字。如果是有期限的事，就寫下日期。

例如，□寫○本書、□到希臘旅行2週以上、□參加TOEIC考試拿下○○分以上（△月×日）、□每年回老家2次等等。

內容同時包含工作與私事，因為這兩者的關係密不可分，所以無法分開思考。

93

◇讓工作表現良好，運氣變超強的習慣◇

統一使用1本行事曆。

●使用2本以上只會造成困擾。有能力的秘書一位就夠了

除了工作與私事的安排，上司交待的事、令你感動的話等，全都寫在1本行事曆（至於像是大型企劃案的題材等具份量的內容就另外寫成一本筆記本）。工作與私事都使用同一本行事曆來進行管理。雖然公私分明很重要，但要處理這些事的卻是你一個人。而且，使用2本以上的行事曆很容易造成困擾，例如「那件事我寫在哪一本呢？」或「糟糕，我忘記帶另一本了」。

94 選購行事曆時要看過實品後再決定

●是不是有能力的秘書，一定要親自進行確認！

現在透過網購也能買到行事曆，但選購時最好還是親自到書店看看，確認其功能與設計（若是與前年相同的款式，直接網購也OK）。摸起來的觸感、寫起來的方便性、適合性等是否讓你覺得「可以用得順手」，這些都要實際看過才能知道。附電話簿或有可裝照片、證件的內袋等實用的設計也是值得注意的部分。

95 將行事曆攤開擺在辦公桌上

●讓有能力的秘書隨時在你身邊

如果工作環境許可，最好經常將行事曆攤開放在辦公桌上。這麼一來，上司交待的事、臨時想到的事、新增的「ＴｏＤｏ」……就能隨時記下來。要是想等到之後再寫馬上就會忘記，另外寫在便條紙上還得重新謄一遍也很麻煩。行事曆就是要好好活用，所以別將行事曆收在包包或抽屜裡，工作時請將它攤開放在桌上吧！

訂定各種計畫後，心情就會變得興奮起來。看著滿滿的「ＴｏＤｏ清單」，內心就會湧現「我要做到！」這種充滿幹勁的想法。每當□內打了✓就會產生「大功告成！」的成就感。隨著打✓的次數增加，內心就會產生「做得好！」的充實感，並覺得自己正朝著目標一步步邁近。

無論是月計畫表、週計畫表或一天的計畫，寫的方式基本上都相同。

首先，必須確定①年間、②月間、③週間、④1天的「予定」、「ＴｏＤｏ（應該做的事）」。列出「ＴｏＤｏ」的清單時，①是在前年的年底、②是在上個月底、③是在上週星期五的傍晚、④是在前天下班前。提早整理「ＴｏＤｏ」是搶先達成課題的秘訣。

◇讓工作表現良好，運氣變超強的習慣◇

自行在「ToDo」的清單前畫上確認欄□

●在□內打✓，體會充實感

就算買到的行事曆沒有印清單表或確認欄也沒關係，自己畫□就可以了。看到□的數量就知道要做的「ToDo」事項有多少，也更能掌握進度。不斷增加☑，讓自己好好體會完成工作的成就感。可用紅筆在□內打✓，或是用麥克筆將□塗滿，用你覺得方便的方式來進行確認。

行事曆內除了寫下預定事項，也要寫下你的願望

●讓行事曆幫助你達成目標

除了工作或私人的預定、「ToDo」事項，包括會讓你產生「好想～！」的念頭的事也都一併寫進行事曆裡。行事曆是幫助你完成願望的能幹秘書。不必顧慮太多，即使覺得「大概沒辦法吧」的事也請全部寫下來。如夢般不真實的願望只要寫進行事曆裡，馬上就能變得很有真實感。

98

購買行事曆的最佳期間是9月～11月

●開頭很重要。9～11月是暖身期

如果可以，購買新的行事曆時最好是買時間表包含前年2～4個月份（9～12月）的款式。若能在數個月內將隔年的預定或目標列出清單，應該做的事就會變得很明確，心裡也能做好準備。在新年的第一天就要開始著手寫行事曆，要是等過了新年才開始想「今年要做些什麼呢」，就為時已晚了。做任何事，開頭很重要。為了比別人搶得先機，最好提早準備行事曆。

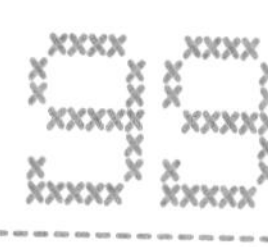

別將1年的目標勉強訂下期限

●目標在狀況完備的時候就會順利達成

列出1年內「想做的事」的清單時，除了已經決定好的預定、有期限的事之外，不必特意寫出特定的日期，如「至△月×日完成」。因為目標無法靠你自己獨力完成，必須獲得環境或他人的協助等，在各種條件都具備的時候才會剛好實現。但，想要盡早實現願望的話，可將目前能做的「ＴｏＤｏ」確實寫在行事曆裡。

100

每天的「ToDo清單」要在前天的傍晚寫

●當天早上才寫就太遲了！

工作結束時你應該就會知道「明天要做什麼」的「ＴｏＤｏ清單」或課題。若等到隔天早上才來寫「ＴｏＤｏ清單」，一時間會無法立刻進入工作狀態，心想「咦？我昨天做了些什麼啊」，光是回想就會耗掉許多時間。如果前天就提早寫好清單，隔天你就能清楚地回想起「對了對了！昨天還剩這件事沒做完」。在前天傍晚寫的話，只要花個5～10分鐘就能快速完成清單，請讓自己養成這樣的好習慣。

101

下班前，將隔天早上要做的第一件事寫下來，放在鍵盤上提醒自己

●早上的衝刺（start dash）是重要關鍵

早上進行的第一件工作可以是當天最重要的事、比較麻煩的事、你不擅長的事等。完成後心裡會比較放心，對於接下來的工作會更得心應手。要是一直擱著不做，就會成為壓力的來源。寫在便利貼、黏在電腦鍵盤上，實行起來會更順利。另外像是「明天一早，打電話給○○先生／小姐！」等早上最先要做的事也可寫下來提醒自己。

102

隔週的計畫要在星期五下班前2小時擬定

●星期一早上再做就太晚了。1週的預定要在前一週完成

週一的早上總是很忙碌。為了避免造成混亂、順利進行工作，請先在週五的傍晚訂定隔週的「ＴｏＤｏ清單」與預定事項。想像一下「下週會是怎樣的一週」。只要利用下班前2小時的時間，就能輕鬆完成下週必要事務的前置準備。

每個月的月間「To Do」清單要在上個月的月底完成。若想確定事情的優先順序，就寫下①、②、③……的編號。完成了就打「✓」

六	土	日
	5	6
	12	13
	19	20 爸爸生日
	26	27

□新企劃的企劃書 ②
(至9/26)
☑製作給A公司的營業資料 ①
□製作新進人員用的手冊 ③
□整理發票、收據
☑健康檢查

□購買烤麵包機
□買送給爸爸的禮物

本月標語

本月的業績目標
○○○萬圓

家人或朋友、工作上有往來的人的生日也要寫下

在空白處寫上「本月目標」、「本月標語」等每個月必須注意的重點。

●月計畫表

9月

月	火	水	木	金
	1	2	3 出差（2天）←→	4 →
7 10：00 週例會	8	9	10 19：00 和E去看電影	11
14 10：00 週例會	15	16 12：00 與S部長的午餐會議	17	18
21 10：00 週例會	22 企劃書 My截止日	23	24 14：00 與A公司T社長見面	25 提出 企劃書
28 00 會	29 新進人員研習整天	30 18：00 M先生的送別會 （K飯店）		

會議或活動等既定的預定，時間決定後就立刻寫下來

私人的預定事項也一起記下來

將My截止日設定得比實際截止日早3天

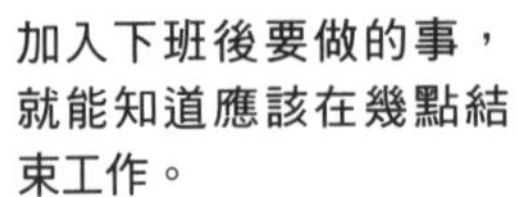
加入下班後要做的事，
就能知道應該在幾點結
束工作。
空白處寫上業績目標
或結果、突發狀況、
加班時間等應該留下
記錄的事項。
19 20 21 22 23 0
★19：10
英語會話課
下班時間 點 分
（加班 分）
業績目標○萬圓
下班時間 點 分
（加班 分）
業績目標○萬圓
下班時間 點 分
（加班 分）
業績目標○萬圓
★19：00
和M去看電影
下班時間 點 分
（加班 分）
業績目標○萬圓
下班時間 點 分
（加班 分）
業績目標
☑寄送預算表至F公司
☑製作給A公司的營業資料
☐製作新人用的手冊
☐收集企劃
☐訂新幹線
（T科長要的・9/16往大阪）
☐訂購文具（月底）
☐新企劃的企劃書
☐製作會議用的資料
（至9/11）
完成了就打「✓」
週間的「To Do列表」，基本上要
在前一週的星期五完成，每發生一
件事就寫下來。

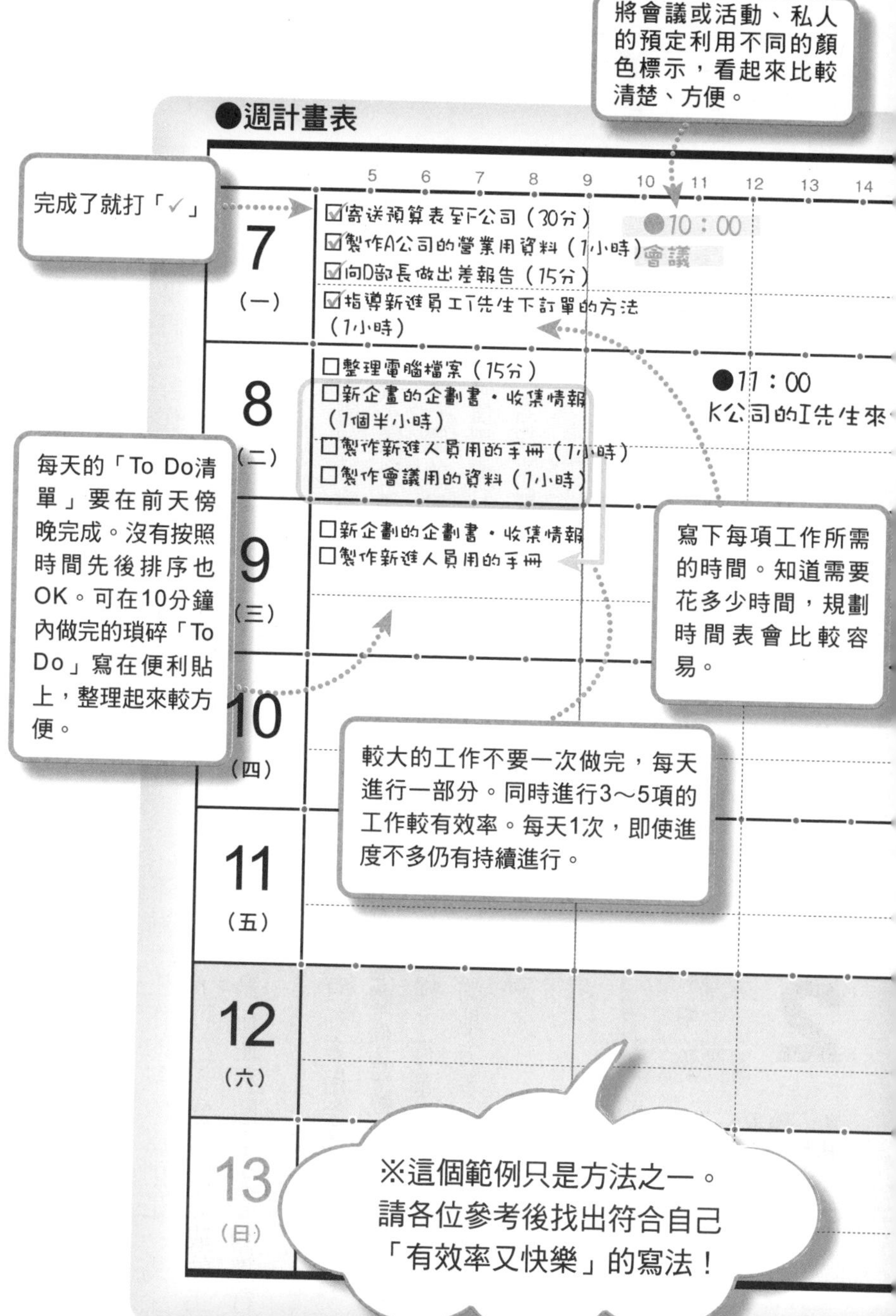
●週計畫表
將會議或活動、私人的預定利用不同的顏色標示，看起來比較清楚、方便。
完成了就打「✓」
5 6 7 8 9 10 11 12 13 14
7（一）
☑寄送預算表至F公司（30分）
☑製作A公司的營業用資料（1小時）
☑向D部長做出差報告（15分）
☑指導新進員工T先生下訂單的方法（1小時）
●10：00 會議
8（二）
☐整理電腦檔案（15分）
☐新企畫的企劃書・收集情報（1個半小時）
☐製作新進人員用的手冊（1小時）
☐製作會議用的資料（1小時）
●11：00 K公司的I先生來
9（三）
☐新企劃的企劃書・收集情報
☐製作新進人員用的手冊
10（四）
11（五）
12（六）
13（日）
每天的「To Do清單」要在前天傍晚完成。沒有按照時間先後排序也OK。可在10分鐘內做完的瑣碎「To Do」寫在便利貼上，整理起來較方便。
寫下每項工作所需的時間。知道需要花多少時間，規劃時間表會比較容易。
較大的工作不要一次做完，每天進行一部分。同時進行3～5項的工作較有效率。每天1次，即使進度不多仍有持續進行。
※這個範例只是方法之一。請各位參考後找出符合自己「有效率又快樂」的寫法！

12

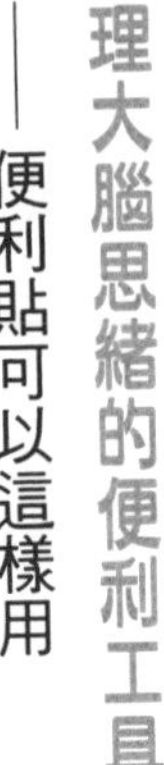

整理大腦思緒的便利工具

——便利貼可以這樣用

如果將「製作企劃書」等重要的工作，以及「打電話給○○」等瑣碎的事務全部一起寫在行事曆裡，就會變得很雜亂無章，分不清楚哪件事比較重要，哪件事需要優先處理。寫滿「To Do」的行事曆會讓人感到備受拘束、有壓力。為了整理大腦的思緒，較瑣碎的「To Do」就使用便利貼，讓行事曆內的「To Do」看起來簡潔易懂。

（不過，工作的基本原則是「馬上就做」。所以，可在5分鐘內完成的工作不需要另外寫在便利貼上，立刻進行就好）

便利貼是有許多用途的便利工具。從大到小，選購你喜歡的樣式擺著備用。放在包包裡、行事曆的內袋，或是家中方便取得的地方等，想記東西的時候就能馬上記錄。

這種時候也可以用 便利貼的活用方法

1　便利貼　中　小

列出可在10分鐘內完成的「超簡單 To Do」事項的清單時

- □預約餐廳
- □網購匯款
- □寫電子郵件給T先生
- □打電話給Y公司的E小姐（下訂單）

諸如此類，不必特地寫在行事曆上的瑣碎「超簡單 To Do」只要寫在便利貼上並黏在行事曆上即可，待完成後就撕下丟掉。

這麼一來，也可與超過10分鐘的工作區隔，讓你更清楚自己要做的事。

2　便利貼　中　小

將「To Do」寫在便利貼上，排列出優先順序

（請參閱P140）

7 便利貼 大 中

給關係親近的人通知留言的時候

「15:00　○公司的△先生來過電話。回公司後請你回電給他」像這樣留給外出同事的通知留言，或是寄資料到分公司交待一些事情等，都是活用便利貼的好機會。不過，這只限於內容簡單的事。若是重要的連絡事項還是要寫正式的書信。

5 便利貼 中 小

想記住書本或資料的重點時

看完書或資料後如果有覺得「這裡很重要」、「這裡很值得再讀一遍」的部分，可將便利貼當成書籤，貼上去做標記。當下次再看的時候，只要看有便利貼的部分就能在短時間內再度確認。

6 便利貼 大

隨時隨地，想記錄東西的時候

搭車通勤、在家休息的時候，一想到什麼就馬上記下來。貼在容易看到的地方後再進行處理，或貼在行事曆內之後再處理也OK。建議各位在床邊放上便利貼和筆。因為睡前與醒來後常會冒出靈感來。為避免忘記那些重要的點子，想到時請立刻寫下來。

3 便利貼 大 中

思考、發表提案或文章、原稿、演講等內容時

1 將要點逐一寫在不同的便利貼上。
2 邊排列便利貼邊思考該怎麼進行，決定先後順序。
3 依序將便利貼黏在辦公桌或筆記本上，先後的順序是由上而下。

4 便利貼 中 小

購物時提醒自己不要忘記要買的東西

將「要買的東西」、「想要的東西」各自寫在便利貼上，擬定「購物清單」。然後黏在行事曆等處，待購物完後再撕下丟棄。購買做菜的食材時，全部寫在一張便利貼上，折起來放進錢包裡很方便。

13

對將來極有幫助的備忘錄
——盡量多寫，想到就寫

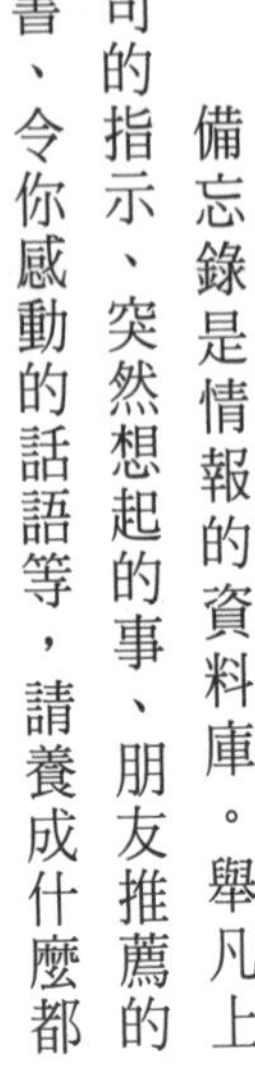

備忘錄是情報的資料庫。舉凡上司的指示、突然想起的事、朋友推薦的書、令你感動的話語等，請養成什麼都寫的習慣。

備忘錄就像花的種子，它會讓資料庫像盛開的花海般變得很充實。寫的時候不需要去考慮「這個內容會有什麼幫助嗎」。因為我們無法知道究竟什麼時候、在什麼情況會用得到它。

此外，想整理大腦的思緒時，寫備忘錄是很有效的方法。思考工作的安排或企劃、解決問題、構思文章的時候，先準備一張A4的紙，將你想到的事通通寫下來。神奇的是，寫的越多大腦的想法就越清晰。

備忘錄主要可分為3類：

1 「ToDo」備忘錄
2 情報備忘錄
3 靈感備忘錄

如果可以，最好統一使用「1本行事曆＋便利貼」，這樣管理情報比較方便，也不會浪費時間。但，若將這3種備忘錄通通寫在一起，就會發生「記到哪裡去了？」的情況。因此，請用你方便了解的方式來分類。

例如1的「ToDo」先決定好寫的位置，2的情報備忘錄在標題前用紅筆畫個圈，3的靈感備忘錄則是用四方形框起來。像這樣仔細整理備忘錄的內容，大腦的思緒也會有被整理過的感覺。

◇讓工作表現良好，運氣變超強的習慣◇

103 隨身攜帶備忘錄，想看的時候就能馬上拿出來看

●將行事曆或便利貼放在容易取得的地方

「備忘錄」所記錄的內容，就算忘記了也沒關係。有時忘掉情報，可以改變大腦的想法。為了能盡快忘記，替自己準備可隨時寫備忘錄的環境。另外像是方便書寫的大小、紙質等也很重要。

104 比起專心記錄，仔細聽對方說的話，好好觀察對方更重要

●備忘錄只是幫助你記憶的工具

有時記錄別人說的話時，會因為太專注於記錄反而「漏聽了對方的話」，像這樣的情形各位是否也曾有過呢？備忘錄只是幫助我們記憶的工具。仔細聽對方說話、仔細觀察對方才是最基本的。如果來不及記，寫下關鍵字即可，等之後可以好好記錄的時候再補充詳細的內容就好。

105 閱讀的備忘錄寫的不是「重點」，而是「你想要實踐的事」

●與其在意讀了多少內容，應該將重點放在活用了多少

閱讀商管類的書籍也可以，重要的是「讀完那本書之後，你會怎麼改變自己」。即使讀了再好的書，要是無法活用在你的工作或生活方式上，那就毫無意義了。參加演講或研習會也是如此。重點不是記錄講師說了什麼，而是你有什麼感覺或想法、打算如何活用。

●以輕鬆的心情來寫備忘錄就好。請各位參考……

「這樣寫也沒關係」的備忘錄10要點

1 不寫國字也沒關係（寫注音就可以了！）
2 寫慢一點也沒關係
（要是來不及記，先寫重點，之後再憑記憶補充內容）
3 字寫得不好看也沒關係（但，不能潦草到看不懂）
4 沒有寫成完整的文章也沒關係
（利用單字與短句組成能夠理解的內容就OK）
5 沒有照著對方說的話或情報來寫也沒關係
（用自己的話寫也OK。但，數字與固有名詞要寫正確）
6 沒放在桌上寫也沒關係（站著寫反而更好）
7 不是只寫事實也沒關係（感想或注意到的事更要記下來）
8 寫隨性一點也沒關係
（保持玩心，自由加上圖畫或喜歡的語句）
9 不打算給別人看也沒關係
（備忘錄本來就是屬於你的東西）
10 沒有全部寫下來也沒關係（只寫你認為有必要的事即可）

14

下定決心讓自己準時下班

——首先要確保私人的時間

工作有效率、總是能準時下班的人與老在加班的人，最大的差異就是「工作時間是從○點到○點」像這樣對於時間的安排規劃。

能夠準時下班的人，因為很重視私人時間，所以會抱持著「無論如何我都要準時下班！」的心態。

但，無法準時下班的人卻是想著「要是可以早點做完就好了」，對於準時下班沒有很強烈的想法，工作時拖拖拉拉的所以才會老在加班。因此經常是處於工作結束後，如果有時間再來安排私人行程的狀態。

規劃一天的時間表時，首先要確保私人時間，因為，我們努力活著就是為了要感受幸福、享受人生。

和朋友聚餐聯誼、約會、學習才藝、培養興趣、唸書考取證照等，將這些事列為優先考慮。然後，為了做那些事而**下定決心告訴自己「我一定要準時下班」**。這麼一來，工作時你就會爆發驚人的氣勢。

利用私人時間與他人見面接受外來的刺激、努力唸書考取證照、接觸自然或藝術、看電影讓自己宣洩情緒……。轉換心情後，面對工作時會更有活力。私人時間可說是補充工作能量的充電時間。

因此就結果而言，充實私人時間可以讓工作變得更有效率。

★全部都很重要的3種時間。

將一天分為3個階段思考！

1天24小時可分為「私人時間」、「工作時間」、「睡眠時間」，這3種時間各自占了8小時。然而，現實生活中，我們總會將工作列為優先，使私人時間、睡眠時間變少。但，這3種時間都相當重要，缺一不可。唯有能充分運用這3種時間並且互相產生良好影響的情況下，我們才會有豐富的生活。

和家人共進晚餐、與男友約會、和朋友聊天、學習新事物或從事休閒娛樂等，請好好重視這些無法取代的時間。對於必須做的家事或照顧小孩也抱著愉快的心情去做。保有專屬於你的「獨處時間」也很重要。為了工作時能集中精神，擁有好好愛自己、讓內心放鬆的時間是有必要的。

■私人時間
（8Hours）
「為了自己與所愛的人」而使用的時間

多數的上班族對於睡眠時間常處於「想再多睡一點」的狀態。睡眠不光是能消除疲勞，還具有紓壓、提升對抗疾病的免疫力、整理大腦的思緒、預防老化等作用。睡眠不足對工作與生活都會造成不好的影響。每個人最適當的睡眠時間都不同，但為了有好的工作與生活品質，每天最好睡足7小時。此外，睡前做做伸展操、睡醒後做個體操也不錯。

■睡眠時間
（8Hours）
「為了自己的身心健康」而使用的時間

0時
8
4
下班
18時
6時
起床
3
3
5
1
午休
上班
12時

為了擁有幸福的人生，絕對不能缺少充實的工作時間。雖然工作是「為了自己與公司」，但以「為了他人與社會」的心態去工作，得到的充實感更大！不過工作時間如果超過8小時效率就會降低。因此為了能準時下班，請好好思考如何發揮最大的工作效率。

■工作時間
（8Hours）
「為了自己與公司、他人」而使用的時間

◇讓工作表現良好，運氣變超強的習慣◇

106

加入令你感到開心期待的預定計劃，好好打扮自己上班去

●不過，要先以準時下班為前提

工作結束後有多餘的時間，再來安排私人活動……這樣的想法會讓你的工作時間不斷往後延。因此，訂立1週的時間表時先將學習才藝、健身運動、唸書等設定在固定的時間，也可加入不固定的預定行程，如晚餐約會、看電影、參加演唱會等。就算手邊的「To Do」堆積如山，你也還是能夠發揮「驚人的爆發力」去完成。

107

開始工作時請堅定地告訴自己「今天可以在○點下班，謝謝！」

●工作前的決心很重要

工作時先想像一下當你完成1天的安排，並在預定時間內結束一切的狀態，然後說聲「謝謝」，就像是已經發生了那樣的事般。然後，以那個想像為目標，從早開始努力工作。就當成是被騙一次也無妨，因為這真的是能讓你準時下班的「魔法」。

108

別把工作帶回家裡

●公私時間要有明確的區隔

只要有一次將工作帶回家裡，往後你就會習慣經常把工作帶回家。要是工作做不完，就早點回家休息，隔天早上早點出門上班處理就好，別讓公事進入家中。當你回到家的時候只做你喜歡的事、會讓你開心的事，時間久了自然能將公私的時間區隔開來。

109 保有每天1次20分鐘的「獨處時間」

● 一定要有好好愛自己的時間

每天與別人相處、和家人團聚，雖然感到很快樂，但內心難免會感到疲累。所以，為了你自己，每天請保留1次20分鐘以上的「獨處時間」。這麼做是為了讓你實現將來的目標、好好地面對自己，以及愛自己。「總是和家人在一起，沒有獨處的時間」，越是這樣的人越要保有獨處的時間。如果真的沒辦法，就把洗澡或通勤的時間當成你的「獨處時間」吧！

110 越是忙碌的時候，越需要充足的睡眠

● 為了集中精神，適度的放鬆很重要

睡眠時間不足，工作時就無法集中精神↓工作做不完只好加班↓回到家已經很晚，睡眠時間更加不足……這真是個惡性循環。越忙的時候越要讓自己睡得飽。就算晚回家也要讓自己在決定好的時間就寢。而且，我們體內的生理時鐘會隨著早晨的到來而重新運作，所以非常推薦各位早起的生活。

111 每年讓自己休1次長假

● 暫時放下工作的時間也很重要

年底時看看隔年的時間表，為自己擬一個長假的計畫，像是「○月的時候請年假去國外旅遊1星期」、「利用連假的時候回老家看看」等。好好調整工作進度，最好讓自己保有1星期以上的年假。這樣不但能激勵自己，也可在暫時離開工作的時候產生新的動力與新的創意。

15

將工作時間簡單分成3個階段
——工作時對自己好一點

假設上班時間是9點～18點。

在9點～18點這段時間內，我們的身心及大腦的狀態會不斷產生變化。

例如，中午之前是頭腦清晰、注意力集中的時間。

午餐過後會變得很想睡，身體變得很沉重，這是身體的自然反應。雖然午餐後頓時會變得很有精神，但到了下午2～3點的時候，會無法集中注意力，工作效率也會跟著降低。

因此，擬定時間表時要將這樣的身心狀態當作前提，這點很重要。

此外，對於一天當中必做的日常事務，事先決定好處理的時間，進行起來會更有效率且不會發生失誤或遺漏。如果毫無計畫去做，反而會變得拖拖拉拉很沒效率。

以下，將工作時間分為3種：

1 處理決定好的事務的「固定時間」

2 進行1天中最重要的事的「上午時間」

3 放鬆心情工作的「下午時間」

只要了解了3種時間的特徵，就能更容易規劃時間，也不會出現浪費時間的情況。另外，也要考慮自己的生理週期或身體狀況，別勉強自己，工作時對自己好一點也是很重要的。

「和○○先生的會議排在下午應該沒問題」、「吃完午餐後應該就會收信了」像這樣固定每天的工作流程，對方自然也能配合你。

〈上午時間的流程〉
- 將「To Do清單」的事項依優先順序進行處理。
- 越是討厭、有壓力的工作越要提早進行。
- 盡可能不要外出。

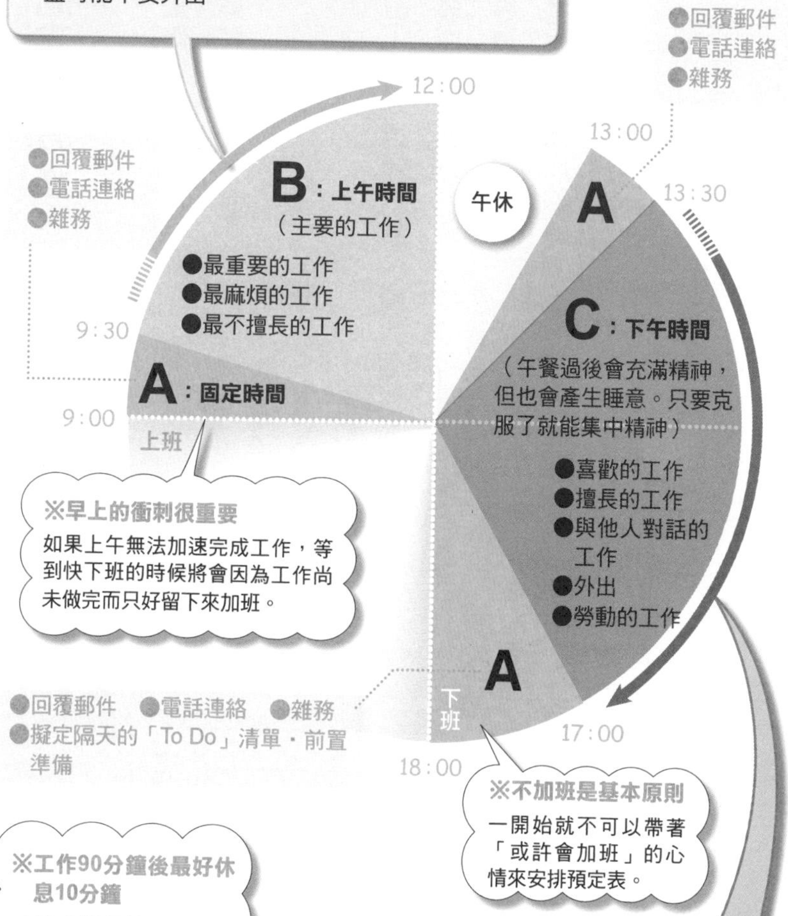

●回覆郵件
●電話連絡
●雜務

12:00

●回覆郵件
●電話連絡
●雜務

13:00

B：上午時間
（主要的工作）
●最重要的工作
●最麻煩的工作
●最不擅長的工作

午休

A

13:30

9:30

A：固定時間

C：下午時間
（午餐過後會充滿精神，但也會產生睡意。只要克服了就能集中精神）

9:00

上班

●喜歡的工作
●擅長的工作
●與他人對話的工作
●外出
●勞動的工作

※早上的衝刺很重要
如果上午無法加速完成工作，等到快下班的時候將會因為工作尚未做完而只好留下來加班。

A

●回覆郵件 ●電話連絡 ●雜務
●擬定隔天的「To Do」清單・前置準備

下班

17:00

18:00

※不加班是基本原則
一開始就不可以帶著「或許會加班」的心情來安排預定表。

※工作90分鐘後最好休息10分鐘
（90分鐘是精神集中的極限）。
注意力無法集中的時候，在工作告一段落就稍做休息。休息完後做別的工作也可以。

〈下午時間的流程〉
1 先做簡單的工作，讓自己產生幹勁。
2 然後再接著進行比較繁雜的工作。
3 為了讓工作更有效率，偶爾做做勞動的工作、與他人對話的工作或暫時外出轉換一下心情。

〈擬定時間表的方法〉

①定期的工作、日常事務要固定作業時間，每天自動實行。

②將一天中1～3項最重要的工作放在上午的時間處理。（表現出要在早上將1天的工作全部完成的氣勢）

③將剩下的預定、「To Do」放在下午，視情況彈性調整。

◇把握「日常事務的時間」◇

若將每天做的工作、經常做的工作依下表所示各自列出所需時間，製成「日常事務時間表」的話，

「外出前的1小時，可以做這個、這個和這個」

像這樣，規劃時間將會變得更方便容易。

如果無法把握時間，就會出現「剩下的1小時要做什麼呢」、「做到一半還沒做完，只好先暫停」的情況，因而沒辦法有效地運用時間。

擬定「To Do清單」時，將「日常事務的時間」也寫在旁邊，幫助自己規劃時間表。

例

	日常事務	時間
1	收發＆回覆電子郵件、電話連絡	30分鐘
2	擬定下週的「To Do清單」、前置準備	30分鐘
3	製作預算表	30分鐘
4	製作營業日報	30分鐘
5	細算經費	30分鐘
6	製作‧寄送營業資料	1小時
7	去銀行（匯款、提款等）、郵局	1小時
8	營業戰略會議（固定例會）	1小時
9	製作營業報告書（月底）	2小時
10	寄送給顧客的通知（不定期）	2小時

◇一次同時處理3項以上的工作◇

工作不要逐一完成，一次最少同時進行3項以上的工作才有效率。「等這個工作完成後再來做下一個……」這樣的想法會讓你一直無法著手其他的工作。

就算進度不多，但每天持續地做是很重要的。這麼一來，每個工作就會產生相乘效果，也能避免注意力被打斷的情況。過了一段時間，還會出現意想不到的靈感。

要是提早完成工作，也能視情況彈性彈整時間。

不要讓自己變成如果被問到「你進行到哪裡了」，只能回答「我還沒開始做」的狀態。假如同時有很多工作要做，最好每項都進行一些，了解大概的進度，也會比較容易規劃預定。

不過，「每項都做卻沒有一項完成」實在很糟糕。即使同時進行，也要逐一完成後再加入新的工作。

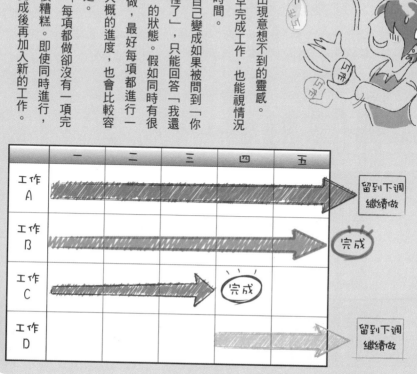

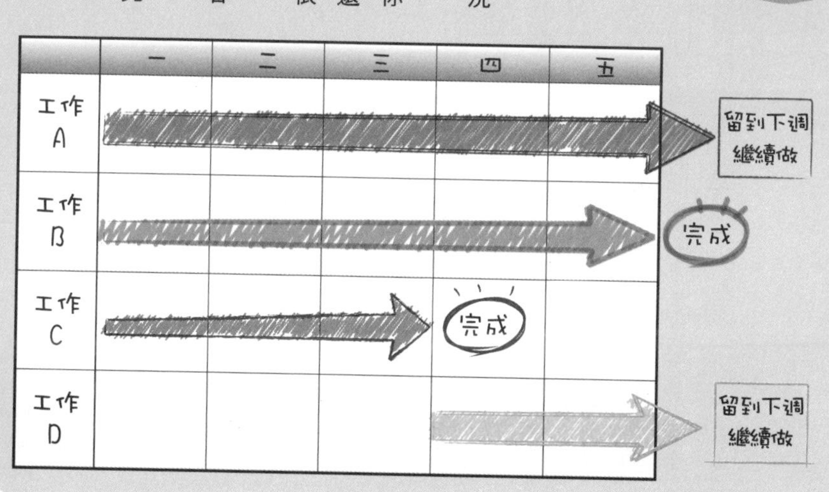

16

將決定好的工作系統化

——不但能掌握時間，也能減少失誤

如果每天都做相同的工作，只要先制定流程，就能縮短時間、避免疏忽造成的失誤。

先跳過工作，就拿從早上起床到出門上班的流程來說好了……。

做體操↓準備早餐↓邊看報紙邊吃早餐↓為植物澆水↓簡單打掃一下↓刷牙・洗臉↓化妝打扮↓出門上班……像這樣照著固定的流程去做，就能知道總共要花多少時間，不會浪費時間。每天做相同的動作，即使不去思考「接下來要做什麼」，身體也會無意識地展開行動。

但，要是改變了順序，反而會出現像是「糟糕，我今天忘記澆水了」的情況，反而得花更多時間。

工作上也是如此，重複的工作就要系統化。

這麼一來就能預估時間，減少失誤。而且不需要特別思考就能完成工作，將注意力放在真正需要思考的工作上。

為自己擬定一個最好的流程吧！

依每天的情況改變工作流程是最沒有效率的事。若是改變了一貫的作業習慣，將很容易出現失誤。

不過，將工作系統化後要注意一件事。要是每天都沒有思考就去進行工作，久而久之便會陷入感覺麻痺，而無法察覺浪費時間的事或有問題的地方。因此，不時檢視流程也很重要。

◇讓工作表現良好，運氣變超強的習慣◇

112 將決定好的事情列成確認清單

●達到提高效率、減少失誤的目的

就像我們上班前會先確認瓦斯、電源開關以及門窗有沒有關好一樣，工作上如果有已經決定好的事，不妨製成確認清單，例如「每天應該做的事」、「下班時要做的事」、「週末要做的事」、「準備一份資料給業務」等，將之放在隨時都能看到的地方，養成確認的習慣，就不必擔心會有遺漏。

113 如果是經常做的工作，先做好對應手冊

●省下「回想」的時間&程序

就算是經常做的工作，經過一段時間可能就會出現「咦，該怎麼做」，像這樣忘記做法或順序的情況，其實很常見。試著努力回想，或去請教別人所花的時間實在很可惜。製作手冊雖然會花上一點時間，但就長遠的眼光來看，這麼做能使工作進行得更順利，達到縮短時間的效果。此外，別人也能透過你做的手冊了解遇到那樣的工作時該怎麼做。

114 做好E-Mail或Fax、商業文書的基本格式

●經常重覆的事，先做好基本格式

一般人都會先做好「簽名檔」，但像是「回覆問題」、「估價單」、「道謝函」、「通知信」等經常使用的電子郵件、Fax、商業文書若先做好基本格式的檔案更能提升工作效率。套用格式的時候，也能從中找出需要改善的部分，使格式變得更完美。「麻煩請回電、○點時再來電」等寫下選項製成專屬於你的留言備忘錄，若將「Fax附信」、「文件附信」也一起製作的話，使用起來會很方便。

17

讓你充實度過一整天的朝型生活！

——早上提早1小時起床，1天的生活步調將會變得更順暢

人類的身體本來就是日出而作、日落而息的生活形態。尤其是早上，被稱為動力來源的腎上腺素分泌最旺盛。在早上行動，可以得到很大的成果。

利用早上的1小時準備考證照或英語會話的學習，或是上班前到健身房運動流點汗，或到咖啡廳悠閒地喝杯咖啡，進行30分鐘的「個人會議」……以你自己的方式好好享受早上的時間。

此外，建議各位最好提早30分鐘～1小時出門上班。理由是：

- **可避開通勤的尖峰時間**
- **因為注意力集中，所以工作可以進展順利（早上的1小時，相當於晚上的3小時！）**
- **在不被電話等外物打擾的空間內，更能專注於工作（不想加班的人，早點上班也是個不錯的方法）**
- **可讓周遭的人感受到你的幹勁**
- **內心會覺得很輕鬆自在**

好處有這麼多。只要早上提早1小時起床，一天的生活步調就會變得很順暢，工作與私人時間也會變得很充實。請各位務必試一試。

想要早起卻無法早睡的人，請別太早放棄。首先，就算30分鐘或1小時也好，試著讓自己的起床時間提早一些。這麼一來，你就會提早感到睡意，隔天早上也就會早點醒來。持續一週後，你應該就能完全適應朝型生活。

◇讓工作表現良好，運氣變超強的習慣◇

115 早上起床後，先曬曬陽光

●心情愉悅地起床後再開始活動！

早上起床後第一件要做的事就是，拉開窗簾、讓陽光照進屋內。會影響我們體內的荷爾蒙及體溫的生理時鐘，在陽光的照射下會進行調整。早上讓身體接觸陽光會讓褪黑激素（Melatonin）這種荷爾蒙停止分泌，使體內生理時鐘重新運作，進入活動模式。

116 早餐一定要吃

●吃早餐可以活化大腦，補充身體的能量

吃早餐可刺激大腦，讓身體完全清醒過來。米飯或麵包的葡萄糖會成為身體與大腦的能量來源，所以一定要好好攝取。有句話說「早晨的水果是黃金」，意思就是水果中富含早上所需的營養成分。水果的果糖是即效性的能量，而維生素、礦物質則具有促進吸收・燃燒葡萄糖的作用。膳食纖維對於消除便秘的效果極佳。

117 每天持續早上的「5～30分鐘」

●累積起來就會變成很可觀的時間！

早上的時間可讓我們集中注意力，在短時間內發揮很大的效果。既然是這麼寶貴的時間，當然要好好利用囉！例如記住5個英文單字、做做伸展操、寫部落格的網誌、閱讀專業書籍等。就算每天只花10分鐘，1星期就有70分鐘，1個月就是5小時，1年下來就累積了60個小時。「持之以恆」會讓你產生自信，請養成這個好習慣。

18

為自己製造集中精神的1小時

——確保不受打擾的時間與空間

進行企劃書或報告的製作等需要使用大腦的工作時，就算你有「好～接下來我要好好集中精神工作囉！」的想法，可能會受到來自外界的干擾，像是被上司找去、突然出現新的工作、同事有事找你、電話接二連三地來、客戶來訪。

處理完後再接著進行工作……不斷重覆著這樣的情況，結果重要的工作就一直無法結束。原本很專心投入工作，如果不時被打斷然後再重新接著做，將會很耗費時間與體力，這真的很累人。

因此，確保不受打擾的時間與空間很重要。這對整天在公司內工作的人來說，並不是件容易的事。所以必須想想辦法。

例如，告訴周遭的人「接下來的1小時，請讓我集中精神處理工作」，然後就到會議室或公司附近的咖啡廳工作，或是先打電話告知對方暫時不要打電話給你。

要是沒辦法不接電話，請告訴同事：「接下來的1小時我想集中精神，所以等會兒的電話麻煩你接聽一下。之後的1小時再換我接。」

像這樣達成協定，讓彼此在「Win‧Win」的關係下完成工作。

一直持續做相同的工作，注意力會慢慢變得無法集中。這時候，請參考P170的「集中精神的方法」，找出適合你的方法。

◇有效地活用空出來的5分鐘◇

比約定時間早了15分鐘、距離下個會議開始前還有10分鐘、午休前的10分鐘工作告一段落……像這樣「突然多出5～15分鐘」的情況其實很常見。

這時候，如果行事曆裡有寫好「可在5分鐘完成的事」的清單就會很方便。因為，假如有多出的時間馬上就能知道「對了！可以做這件事！」而有效地運用時間。

以下是我大略想到可完成的事。

- 收發&回覆電子郵件
- 確認行程表
- 閱讀電子報
- 閱讀書籍
- 蹲踞運動50次&伸展操
- 按摩眼、肩、頸
- 重新檢視目標
- 發電子郵件給許久未連絡的人
- 記住5個英文單字
- 整理收拾辦公桌
- 更新部落格，或是思考部落格的網誌內容
- 寫謝卡
- 什麼都不做，單純地休息、冥想

5 minutes
＝
300 seconds

「5分鐘」看似很短，能做的事卻很多。累積無數個5分鐘，就能成就很大的成果。

即使是短暫的空檔時間也請好好利用。

讓自己集中精神與打造專注環境的10個方法

mission 1 隔絕電子郵件與電話

■收發與回覆電子郵件、電話連絡每天限定3次。在集中精神的時間內盡可能不要接聽電話。建議各位可提早到公司，因為那時候不會有電話打擾，也沒有其他人在，可以好好集中精神。

mission 2 針對小目標給予時間上的壓力

■對大腦施以適度的壓力，有助於發揮專注力。「到這裡花30分鐘」、「到這裡花15分鐘」……像這樣對於小目標決定好時間再去進行將更容易集中精神。利用手機等設定時間也是不錯的方法。

mission 3 在中午前與下午3點後設定集中精神的時間

■中午前是注意力升高的時間。午餐後會產生睡意，等到下午3點後，工作時將會變得很起勁。在可集中精神的狀態下工作也是個好方法。

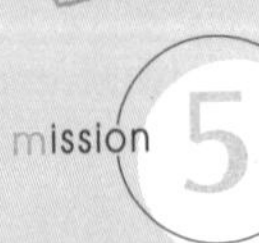

mission 4 工作了90分鐘後休息10分鐘

■90分鐘是工作時可集中精神的最大極限。這時候休息10分鐘左右，工作就可以變得更有效率。在工作告一段落的時候休息，轉換一下心情。無法專注90分鐘的話，先從30分鐘等較短的時間進行集中精神的訓練，然後再延長為45分鐘、90分鐘。

mission 5 避開空腹、吃飽的時間

■空腹時精神會變得散漫、使不上力，吃飽後又會產生睡意。在不太會感到空腹、飽足感的狀態下工作，注意力較能集中，所以吃飯也最好吃八分飽。

mission 6

為了集中精神而暖身

■突然想讓自己集中精神，並不是件容易的事。這時候，不妨做做喜歡的工作、擅長的工作等很簡單就能集中精神的事來提振工作的情緒。

mission 7

整理辦公桌

■假如桌上亂七八糟，精神也會變得散漫。找東西時因為很花時間，心情就會變得煩躁。為了讓自己專注於工作，請保持辦公桌的整潔。

mission 8

不要持續做相同、單調的工作

■重覆做相同的事，注意力會降低。當注意力中斷、耗盡的時候，先休息一下，或是做做其他的工作，設法讓自己轉換心情。

mission 9

擁有讓自己集中精神的場所

■讓自己有一個「在這裡我就能集中精神！」的場所，如通勤電車內、咖啡廳、圖書館、會議室等。只要改變環境，心情也會跟著改變並提高專注力。

mission 10

充足的睡眠

■睡眠不足時，注意力會下降。為了發揮專注力，不光是睡眠，對於身體健康的管理也要多加留意。

19

「馬上就做」、「統整後一起做」

——有效率的工作方式

雖然「馬上就做」是工作的基本原則，但一天中若有相同的工作，統整後一起做將更能節省時間。例如，影印時將多份文件整理好一起印、每天固定向上司做一次報告、外出前把要做的事記下來再一起處理等。此外，縮短移動距離、動線也是節省時間的重點。將面談的場所選在離自己較近的地方，買東西時統一在某家商店採購。當然，商品價格的比價不能少，但要是差不多，時間還是比較重要。因為節省下來的時間可以去做更重要的工作。

就算只是在公司內，需要離開辦公室處理的事，最好盡可能統整後一起進行。將工作中相似的事、可以同時做的事找出來一起處理會比較有效率。

但，如果是「累積數日後再一起處理（如3天份、1星期份等）」則會產生反效果。例如，看報紙這件事可以在短時間內完成，如果累積一星期的量再來看，就得花上一段時間，注意力也會降低。同樣地，營業日報或電子郵件如果累積了數天的量再處理，你就會感到很累。打掃也是，要是等到變得很髒的時候再打掃，肯定很費時費力。瑣碎的工作如果統整後一起處理會變得很有效率，但超過一定的量時，反而更花時間。

每天要做的工作，不要拖到隔天才做。工作時請隨機應變，視情況將工作分成「馬上就做」、「統整後再做」。

◇讓工作表現良好，運氣變超強的習慣◇

118

當天的工作，當天完成

●每天認真做一些的話……

對於每天必做的日常事務，請決定好做的時間，千萬別偷懶不做。要是等到隔天再做，光是用想的就覺得很累，因為勢必要花費多一倍的時間與體力。可以延到隔天再做的工作就先擱著，請優先處理每天的日常事務。

119

集中約定的時間進行會面

●還要考慮移動時間、服裝、隨身物品、妝容等

這麼做除了可節省時間，也可讓服裝、隨身物品、妝容發揮最大的效果。要是將會面的時間分成好幾天，每天都得為了與人見面做準備。為了縮短動線，最好先調查好見面的場所與時間、移動路線、移動時間等。

120

利用外出的時候，順便做其他事情

●去銀行、郵局、購物……

因為洽公而外出時，如果事後直接回公司就太可惜了，所以可利用這個機會順便處理其他事。若是私事，如提款、繳費等還在容許範圍內（但，需要花很長時間的就不行）。先在行事曆、便利貼上寫下外出時的「ToDo」、「購物清單」，做起來會更有效率且不會有遺漏。

121

每週重新規劃時間1～2次

●如果工作還沒做完的話……

陷入「工作沒做完」的情況下時，先暫停正在進行的工作，加快速度完成進度落後的工作。當你覺得「進度好像有點落後」時，儘早處理很重要。將可能延遲的工作先做完，你就能安心地進行其他的工作。

20

打造團隊合作的互助體制

——主動為別人付出

完成自己的工作固然很重要，但若秉持著「只要自己好就好」的個人主義，任何人都不會對你伸出援手。

這麼一來，不但自己的內心會很痛苦，工作上也會變得很困難。

工作本來就不是可以獨力完成的事。

工作時一定會遇到自己無法處理，需要他人支援、請求協助的情況。

因此，我們要先主動向他人提供協助。

「我剛好要做，就順便一起做啦」、「還好嗎？需不需要我幫忙」像這樣，不求對方的回報，以親切累積好感，時間一久，對方也會以同樣親切的態度對待你。而你也會在受到周圍的幫助後，工作變得更加順利。

不要過度區分「自己的工作」與「他人的工作」，而是想著要如何克盡自己的職責，並且「團隊全體一起完成這份工作」。

這樣去想的話，心情就會變得很輕鬆。就算工作不順利，也不用獨自煩惱。

有困難的時候，彼此互相幫助。

在請託與受託之間建立起雙方的信賴關係。

請帶著不求回報的心為他人付出，替自己增加更多的好感。

◇讓工作表現良好，運氣變超強的習慣◇

122 團隊間成員的工作「透明化」

●為了掌握彼此的工作狀況

將團隊成員的時間表寫在白板上，或透過電腦顯示「現在正在做什麼」，就能知道對方的狀況，像是「他／她現在好像很忙」、「等○○先生／小姐外出時，再請他／她幫我寄個信」。特別是上司，因為報告・連絡・討論等常會有互動，最好能讓上司的行程表「透明化」。

123 順便做別人的工作

●將自己與他人的工作一起做

如果你的工作與別人的工作可以一起進行，那不妨向對方提議「讓我一起做好嗎」。這麼一來對方也會主動提供協助，使工作變得更有效率。如外出時可以問同事，「我要去買東西，需不需要幫你帶點什麼？」

124 在對方感到煩惱時，以「互助」的心情給予協助

●「彼此互助」的心會讓團體變得更有向心力！

在別人有煩惱時，請積極地提供協助。要是沒有緊急事項要處理，就算暫停手邊的工作，也要幫助對方。因為我們不知道自己何時也會需要對方的協助。當他人遇到困難時，請以「彼此互助」的心情，向對方伸出援手。

125 工作若順利進行，記得向周圍的人說聲「多虧有你的幫忙」來表示感謝

●感謝的心是圓滿的秘訣

工作進展順利、出現好成果時，別忘了向周遭的人表示感謝，說聲「多虧有你的幫忙。謝謝你」。比別人早下班時，只要說這句話就能消除對方心中的嫉妒。積極去做別人不喜歡的工作、早上提早到公司能令他人對你另眼相看，也能令對方產生「如果是你就沒關係」的想法。「多虧有你的幫忙」是人際關係的潤滑劑。

國家圖書館出版品預行編目資料

這些小習慣，老闆覺得你應該知道：預見三年後幸福自己的目標成真法則 / 有川真由美作；連雪雅譯. -- 初版. -- 新北市：智富, 2011.12
面；　公分. --（風向；41）
ISBN 978-986-6151-18-7（平裝）

1. 職場成功法　2. 職業婦女

494.35　　100018410

風向 41

這些小習慣，老闆覺得你應該知道：預見三年後幸福自己的目標成真法則

作　　者／有川真由美
譯　　者／連雪雅
主　　編／簡玉芬
責任編輯／楊玉鳳
封面設計／果實文化設計工作室
出 版 者／智富出版有限公司
發 行 人／簡安雄
地　　址／（231）新北市新店區民生路 19 號 5 樓
電　　話／（02）2218-3277
傳　　真／（02）2218-3239（訂書專線）
（02）2218-7539
劃撥帳號／19816716
戶　　名／智富出版有限公司　單次郵購總金額未滿 500 元（含），請加 50 元掛號費
酷 書 網／www.coolbooks.com.tw
排版製版／辰皓國際出版製作有限公司
印　　刷／長紅印製企業有限公司
初版一刷／2011 年 12 月

I S B N ／978-986-6151-18-7
定　　價／260 元

世茂出版有限公司
世潮出版有限公司
智富出版有限公司